Erich Neuwirth

Musikalische Stimmungen

SpringerWienNewYork

Univ.-Doz. Dr. Erich Neuwirth
Arbeitsgruppe Computergestützte Didaktik
Institut für Statistik, Operations Research und Computerverfahren
Universität Wien, Österreich

Dieses Buch und die CD-ROM wurden mit Hilfe von Doc-To-Help®, von WexTech Systems, Inc., erstellt.
Sie erreichen WexTech Systems unter http://www.wextech.com

Printed in Austria

Satz: Reproduktionsfertige Vorlage des Autors
Druck und Bindearbeiten: Adolf Holzhausens Nfg. GesmbH, A-1070 Wien
Graphisches Konzept: Ecke Bonk

Gedruckt auf säurefreiem, chlorfrei gebleichtem Papier – TCF
SPIN: 10630213

Die Deutsche Bibliothek – CIP-Einheitsaufnahme

Musikalische Stimmungen / Erich Neuwirth. – Wien ; New York : Springer
Engl. Ausg. u.d.T.: Musical temperaments
ISBN 3-211-83000-6
Buch. 1997
brosch.
CD-ROM. 1997

ISBN 3-211-83000-6 Springer-Verlag Wien New York

Vorwort

Was Sie gerade lesen ist die Papiervariante eines elektronischen Dokuments, das die mathematischen Grundlagen verschiedener musikalischer Stimmungen erklärt. Die elektronische Version enthält viele Tonbeispiele, die Sie sofort hören können, während Sie das Dokument auf einem Computer studieren. Die Papiervariante kann diese Möglichkeit selbstverständlich nicht bieten. Sie dient daher nur dem parallelen Studium und der Erinnerung und kann die Arbeit mit dem elektronischen Dokument auf keinen Fall ersetzen.

Inhalt

Einführung und Grundlagen

Tonhöhe und Frequenz

Vorbemerkungen

Es ist eine bekannte Tatsache, daß Töne periodische Vorgänge sind, also Vorgänge, die sich regelmäßig wiederholen. Die Anzahl der Wiederholungen der Grundschwingung pro Sekunde mißt man in Hertz. 440 Hertz sind also 440 Schwingungen pro Sekunde. Man nennt diese Zahl auch die Frequenz einer Schwingung. Ebenso ist bekannt, daß mit höherer Frequenz auch der Ton höher wird. Ein Ton von 550 Hertz ist also höher als ein Ton von 440 Hertz. Die Abkürzung für Hertz lautet Hz.

In der elektronischen Fassung des Dokuments finden Sie an dieser Stelle einige Tonbeispiele, die Sie auch anhören können.

Vergleichen wir jetzt zwei Töne, bei denen der eine genau die doppelte Frequenz des anderen hat. Wir wählen
264 Hz und 528 Hz.

Wir stellen fest, daß diese beiden Töne „gleich" klingen, daß wir also das Gefühl haben, daß es sich um den selben Ton in verschiedenen „Lagen" handelt. Wir wollen das an einem erweiterten Beispiel genauer demonstrieren. Dazu betrachten wir drei Serien von Zahlen:

264	528	1056	2112
330	660	1320	2640
396	792	1584	3168

Innerhalb jeder dieser Zahlenreihen ist eine Zahl das Doppelte der vorhergehenden. Die Zahlen der zweiten Reihe lassen sich aber nicht durch reine Verdoppelung aus den Zahlen der ersten Reihe erzeugen. Beim Anhören haben wir die Empfindung, daß jede der drei Reihen nur einen Ton in verschiedenen Höhen wiedergibt, daß aber die einzelnen Reihen jeweils verschiedene Töne wiedergeben.

Wenn wir von einem Ton mit einer bestimmten Frequenz ausgehen, dann entspricht – musikalisch gesprochen – der doppelten Frequenz derselbe Ton, nur eine Oktave höher.

Im Abschnitt Frequenzen und Intervalle erfahren Sie Genaueres über die Grundlagen dieses Phänomens.

Frequenzen und Intervalle

Wir wollen jetzt ein bißchen mit Tonfolgen experimentieren. Dazu bilden wir folgende Tonreihe:

Der erste Ton hat eine Frequenz von 264 Hz (wir sprechen später darüber, warum wir gerade mit dieser Frequenz beginnen). Der zweite Ton hat die doppelte Frequenz, also 528 Hz. Der dritte Ton hat die dreifache Frequenz, also 792 Hz usw. Wir bilden alle Vielfachen von 264 Hz bis zur achtfachen Frequenz. Die Tonreihe, die wir gleich hören, hat also folgende Frequenzen:

1*264, 2*264, 3*264, 4*264, 5*264, 6*264, 7*264, 8*264

264, 528, 792, 1056, 1320, 1584, 1848, 2112

In der elektronischen Fassung des Dokuments finden Sie an dieser Stelle einige Tonbeispiele, die Sie auch anhören können.

Beim Anhören dieser Tonfolge stellen wir fest, daß darin Intervalle auftreten, die in der klassischen abendländischen Musik üblich sind. Der erste und der zweite Ton haben zum Beispiel den Abstand von einer Oktave. Der zweite und der dritte Ton bilden eine Quint, der dritte und der vierte Ton eine Quart. Der vierte und der fünfte Ton bilden eine große Terz, und der fünfte und der sechste Ton eine kleine Terz. Die Intervalle vom sechsten zum siebenten und vom siebenten zum achten Ton klingen nicht besonders „schön" und sind auch in der klassischen abendländischen Musik nicht üblich.

Wir haben als Grundton dieser Tonreihe das eingestrichene C gewählt (dieser Ton entspricht 264 Hz). Wenn wir jetzt die weiteren Töne mit den höheren Frequenzen auf einer Tastatur markieren, dann erhalten wir folgendes Bild:

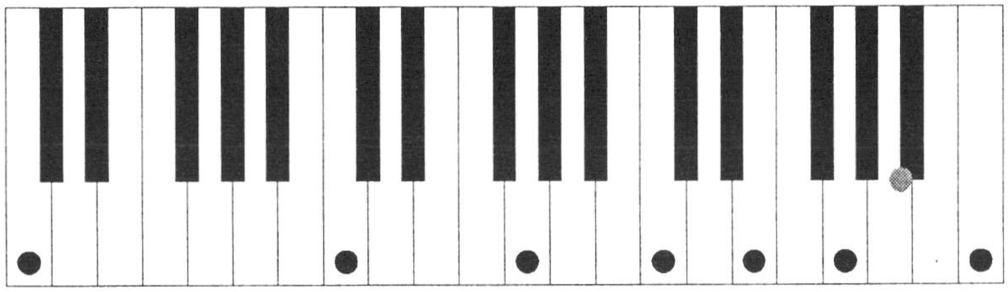

Die schwarzen Punkte entsprechen musikalisch sinnvollen Intervallen bzw. Tönen. Der lila Punkt (für den Ton mit der 7-fachen Grundfrequenz) entspricht einem Ton, der in üblichen Tonleitern nicht vorkommt. Die Lage des Punktes zeigt ungefähr, zwischen welchen der „üblicheren" Töne dieser Ton liegt.

Bei der Untersuchung von Intervallen und Frequenzen stellt sich folgendes heraus:

Als welches Intervall man zwei Töne empfindet hängt nur vom Verhältnis der beiden Frequenzen, nicht von absoluten Werten dieser Frequenzen ab.

In der elektronischen Fassung des Dokuments finden Sie an dieser Stelle einige Tonbeispiele, die Sie auch anhören können.

Da wir jetzt wissen, daß Intervalle nur vom Verhältnis der Frequenzen beider Töne abhängen, können wir in einer Tabelle die Intervalle und die dazugehörenden Frequenzverhältnisse eintragen. Die jeweils angegebene Zahl gibt den Quotienten der höheren zur niedrigeren Frequenz an.

Intervall	Frequenzverhältnis
Oktave	2
Quint	3/2
Quart	4/3
große Terz	5/4
kleine Terz	6/5

Man kann diese Tabelle zum Beispiel so verwenden:

Wenn man jenen Ton finden will, der genau eine Quart über dem Ton mit 240 Hz liegt, dann berechnet sich die Frequenz dieses Tons als 240 * 4/3 = 320, und somit muß der gesuchte Ton die Frequenz 320 Hz haben.

In den bisherigen Tonbeispielen haben wir Töne immer hintereinander gehört. Musikalisch ist es aber auch interessant, zwei oder mehrere Töne gleichzeitig zu hören.

In der elektronischen Fassung des Dokuments finden Sie an dieser Stelle einige Tonbeispiele, die Sie auch anhören können.

Ausgehend von den Rechengesetzmäßigkeiten für musikalische Intervalle, die wir in dieser Einleitung gesehen und gehört haben, wollen wir in den weiteren Abschnitten untersuchen, wie man aus diesen Intervallen musikalisch sinnvolle Tonleitern aufbauen kann. Es empfiehlt sich, als erstes den Abschnitt Reine Stimmung zu studieren.

Stimmungen und Frequenzen

Tonleitern in verschiedenen Stimmungen

Reine Stimmung

Wir wollen jetzt, ausgehend von den Frequenzverhältnissen, die wir im Abschnitt Frequenzen und Intervalle kennengelernt haben, eine Dur-Tonleiter aufbauen.

Dazu ist es hilfreich, wenn wir uns eine Oktave auf einer Klaviertastatur ansehen:

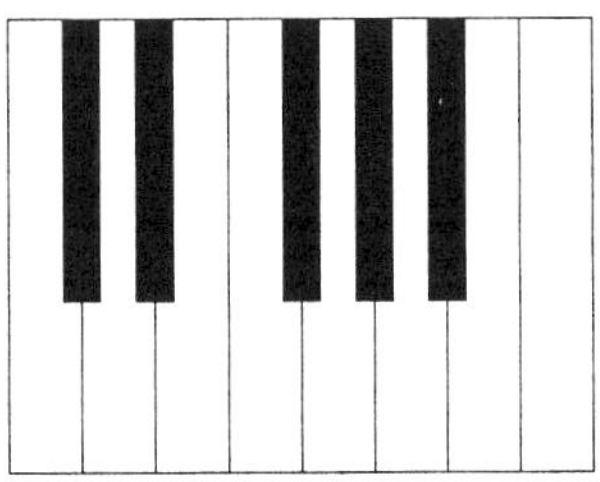

Prinzipiell können wir die Tonleiter mit einem beliebigen Ton beginnen. Wir wollen mit dem eingestrichenen C (mit einer Frequenz von 264 Hz) beginnen, weil wir dann die Dur-Tonleiter auf einer Klaviertastatur besonders einfach, nämlich nur mit den weißen Tasten, darstellen können.

Alle weiteren Töne sind dann durch das Intervall, das sie mit dem Grundton bilden, bestimmt. Wir haben schon gesehen, daß die Oktave die doppelte Frequenz des Grundtons hat. Das wollen wir so darstellen:

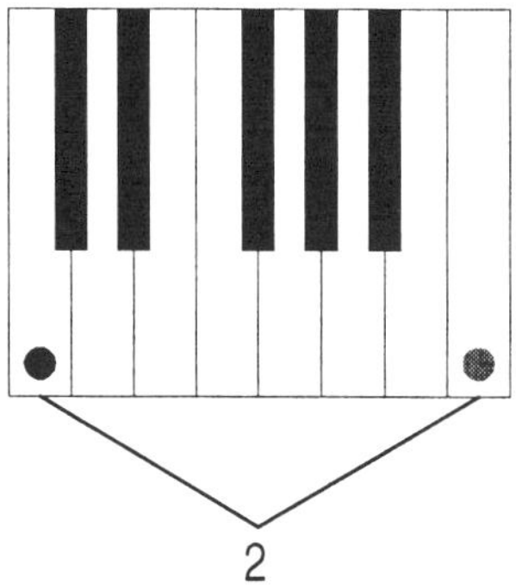

Damit haben wir die Frequenz von 2 Tönen festgelegt.

Die gesamte Tonleiter besteht aus 8 Tönen, wir müssen also noch die Frequenzen von 6 weiteren Tönen bestimmen. Aus dem Abschnitt über Tonhöhe und Frequenz wissen wir, daß die Quint einem Frequenzverhältnis von 3/2 entspricht. Daher können wir einen weiteren Ton in unserer Tonleiter bestimmen:

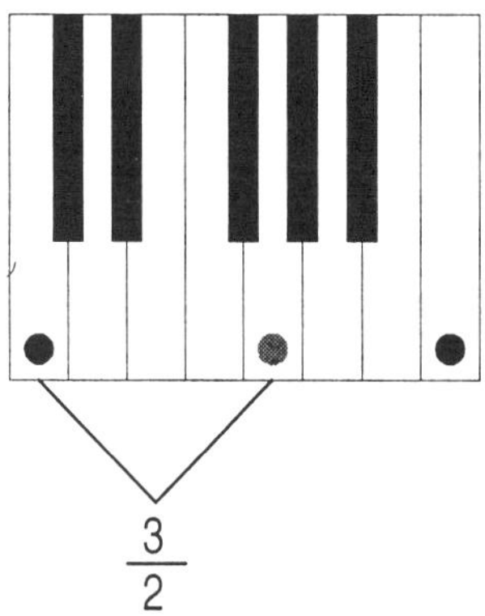

Wenn wir weiterhin verwenden, daß die Terz einem Verhältnis von 5/4 und die Quart einem Verhältnis von 4/3 entspricht, können wir folgende weiteren Töne bestimmen:

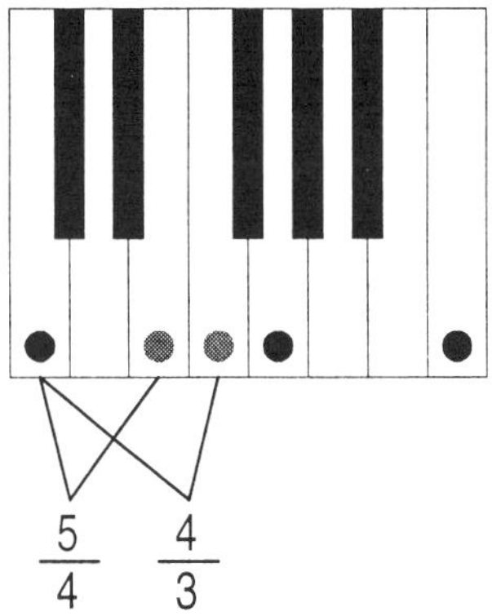

Damit haben wir bisher aus dem Grundton folgende Töne abgeleitet:

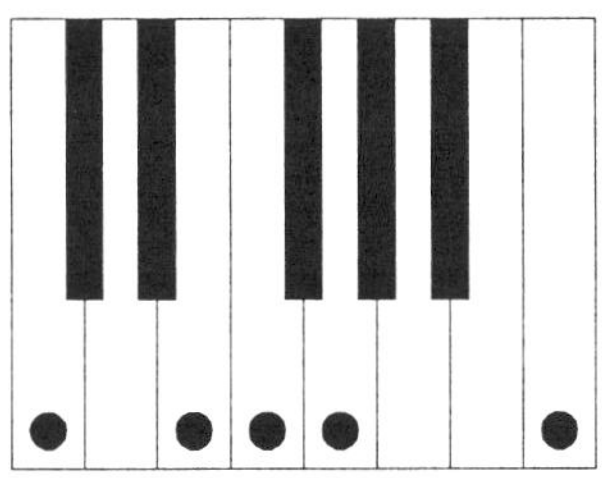

Es fehlen also noch drei Töne. Beschäftigen wir uns zunächst mit den beiden fehlenden hohen Tönen. Der höchste noch fehlende Ton läßt sich nicht unmittelbar aus dem Grundton berechnen. Wir sehen aber, daß dieser Ton genau eine große Terz über der Quint über dem Grundton liegt. Wir sehen das daran, daß auf der Tastatur eine weiße und zwei schwarze zwischen der Quint und dem unbekannten Ton liegen. Zwischen dem Grundton und der Terz liegen ebenfalls zwei schwarze und eine weiße Taste (beide Intervalle sind im folgenden Bild markiert):

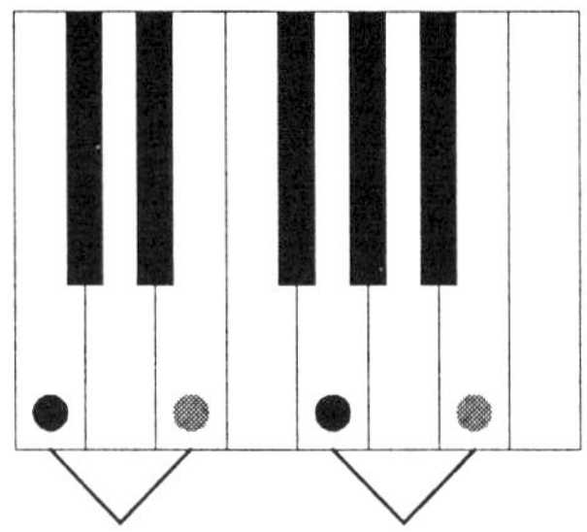

Daher können wir die Frequenz dieses Tons ermitteln, indem wir die Frequenz der Quint mit 5/4 multiplizieren. Die Frequenz der Quint ist 3/2 der Grundfrequenz, daher hat unser neuer Ton wegen 3/2 * 5/4 = 15/8 die 15/8-fache Frequenz des Grundtons. Das Intervall zwischen Grundton und neuem Ton heißt übrigens Sept oder Septime.

Wir erhalten daher folgendes Bild:

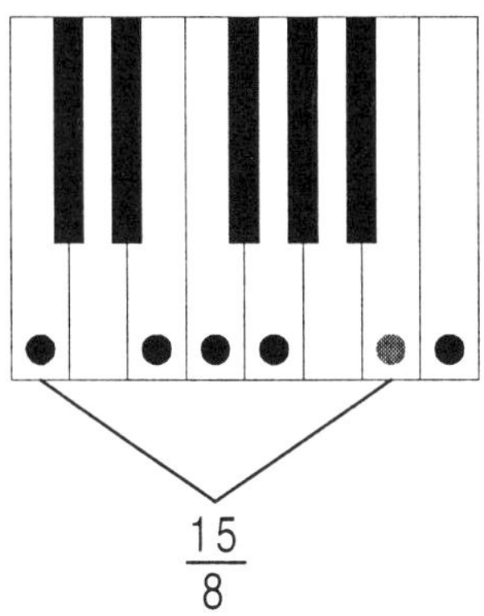

Der Ton direkt unterhalb der Sept liegt in gleicher Weise genau eine Terz über der Quart:

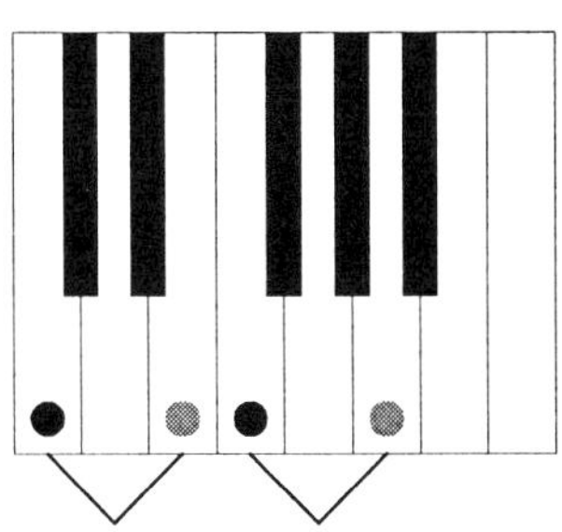

Daher ergibt sich seine Frequenz als 4/3 * 5/4 = 5/3. Das Intervall mit diesem Frequenzverhältnis heißt Sext und wir halten bei folgendem Bild:

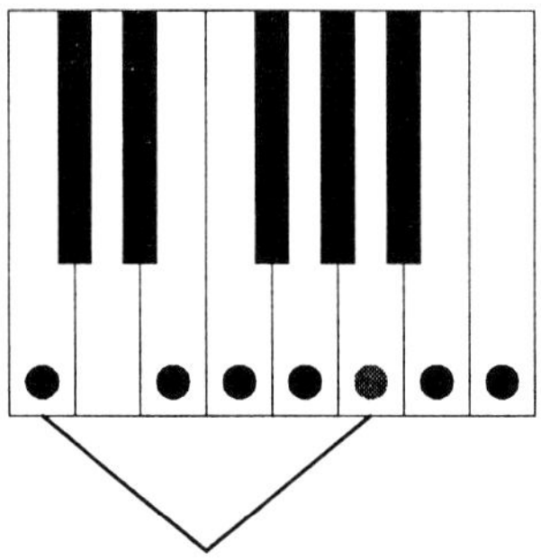

$\frac{5}{3}$

Damit fehlt uns nur noch ein einziger Ton, und zwar die Sekund.

Das Rechenverfahren zur Ableitung der Sekund ist ein bißchen komplizierter als das für die anderen Intervalle. Grundlage ist folgende Beobachtung:

Wir gehen vom Grundton aus zweimal eine Quint aufwärts:

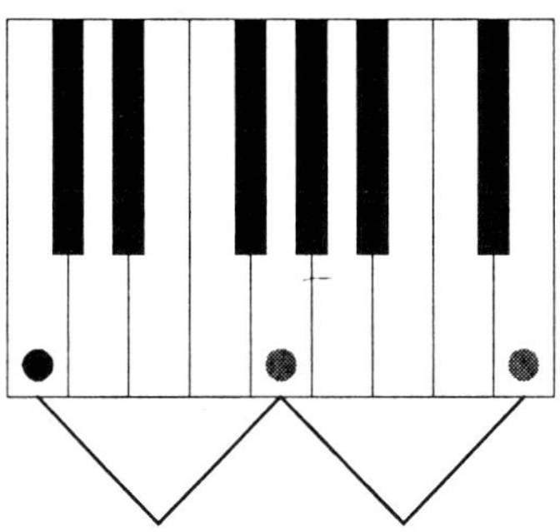

$\frac{3}{2}$ $\frac{3}{2}$

Dann kommen wir zu dem Ton, der eine Oktave über der Sekund liegt. Die Frequenz dieses Tons ist das 3/2 * 3/2 = 9/4-fache der Grundfrequenz.

Wir stellen fest, daß diese Frequenz größer als das Doppelte der Grundfrequenz ist. Der Ton liegt auch tatsächlich oberhalb des Tons mit der doppelten Grundfrequenz, denn der Ton mit der doppelten Grundfrequenz ist die Oktave. Wenn wir von diesem neuen Ton (mit der 9/4-fachen Grundfrequenz) eine Oktave hinuntergehen, kommen wir zur Sekund. Da Hinaufgehen um eine Oktave einer Verdoppelung der Frequenz entspricht, muß das Hinuntergehen um eine Oktave einer Halbierung der Frequenz entsprechen. Daher hat die Sekund ein Frequenzverhältnis von 9/4 * 1/2 = 9/8.

Damit haben wir die noch fehlende Frequenz für unsere Tonleiter:

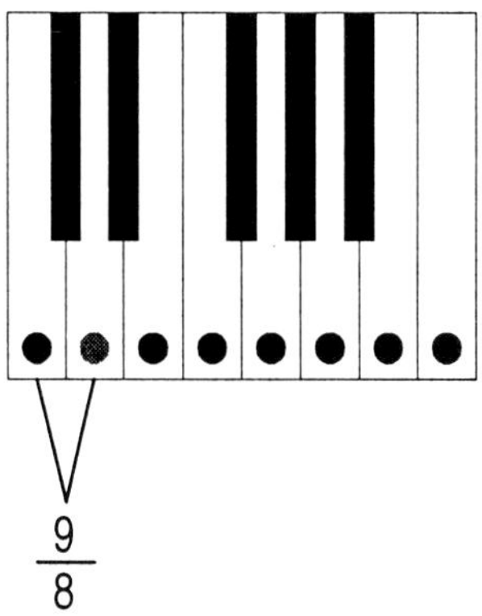

Die vollständige Liste der Frequenzverhältnisse der reinen Stimmung für alle Intervalle sieht so aus (die Tabelle enthält auch die Frequenzen für die Töne der reinen C-Dur, die auf dem eingestrichenen C beginnt):

Intervall	Frequenzverhältnis	Frequenz
Grundton	1	264
Sekund	9/8	297
Terz	5/4	330
Quart	4/3	352
Quint	3/2	396
Sext	5/3	440
Sept	15/8	495
Oktave	2	528

In der elektronischen Fassung des Dokuments finden Sie an dieser Stelle einige Tonbeispiele, die Sie auch anhören können.

Die Grundidee der reinen Stimmung ist, daß alle wichtigen Intervalle (also große und kleine Terz und Quint) durch möglichst einfache Zahlenverhältnisse ausgedrückt werden. Leider funktioniert das nicht ganz so gut, wie man es gerne hätte. Genauere Informationen darüber gibt es im Abschnitt über Intervalle und Dreiklänge in reiner Stimmung. Diese Erläuterungen sind allerdings etwas kompliziert. Wenn Sie lieber gleich etwas über eine andere Stimmung erfahren wollen, dann machen Sie im Abschnitt Pythagoräische Stimmungweiter.

Intervalle und Dreiklänge in reiner Stimmung

Dieser Abschnitt ist mathematisch etwas anspruchsvoller als die meisten anderen. Die wichtigsten Sachverhalte in den Abschnitten über die anderen Stimmungen können Sie auch verstehen, wenn Sie diesen Abschnitt zunächst einmal nur überfliegen. Dieser Abschnitt soll Ihnen vor allem dabei helfen, zu verstehen, warum andere Stimmungen als die reine Stimmung überhaupt notwendig sind.

Wenn man in einer Dur-Tonleiter in reiner Stimmung gleichzeitig den Grundton, die große Terz darüber und die Quint darüber spielt, dann erhält man einen Dur-Dreiklang.

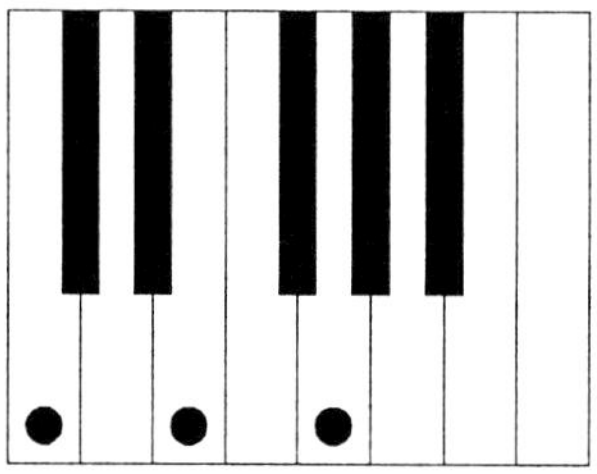

Wir können aus den Tönen der reinen Dur-Tonleiter noch weiter Dreiklänge bilden, in dem wir für jeden Ton der Tonleiter jenen Akkord bilden, der aus diesem Ton, dem Ton „zwei Töne höher“ und dem Ton „vier Töne höher“ besteht. „Ein Ton höher“ bedeutet dabei einen Schritt in der Tonleiter hinauf bis zur nächsten weißen Taste.

In der elektronischen Fassung des Dokuments finden Sie an dieser Stelle einige Tonbeispiele, die Sie auch anhören können.

Beginnen wir jetzt mit einer genaueren Analyse der Dreiklänge.

Sehen wir uns dazu noch einmal den Dreiklang auf dem Grundton einer reinen Dur-Tonleiter an.

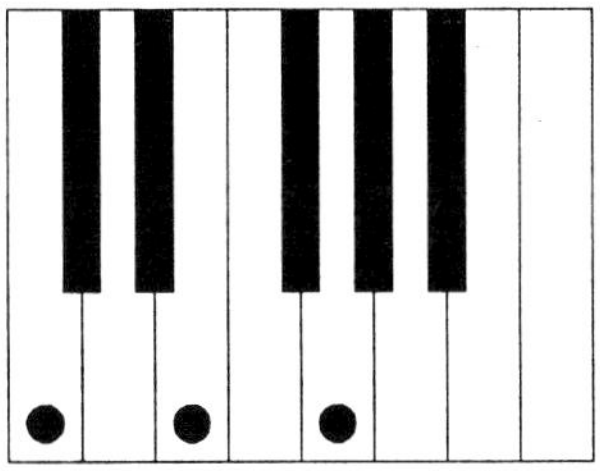

Dieser Akkord klingt sehr „rein“. Der zweite Ton hat die 5/4-fache Frequenz des Grundtons, und der dritte Ton hat die 3/2-fache Frequenz des Grundtons (siehe Verhältnistabelle reine Stimmung im Anhang „Bildliche Erläuterungen“).

Man erhält diesen Akkord auch, wenn man von einer Grundfrequenz von 66 Hz ausgehend die vierfache, die fünffache und die sechsfache Frequenz dieser Grundfrequenz bildet. Die drei Töne unseres Akkords sind also der dritte, vierte und fünfte Oberton eines Grundtons von 66 Hz. Wenn wir nur Töne aus der reinen Stimmung verwenden, dann ergeben noch zwei weitere Akkorde einen reinen Dur-Dreiklang.

Wir beginnen mit dem Ton auf der Quart und nehmen dazu noch den Ton auf der Sext und auf der Oktave.

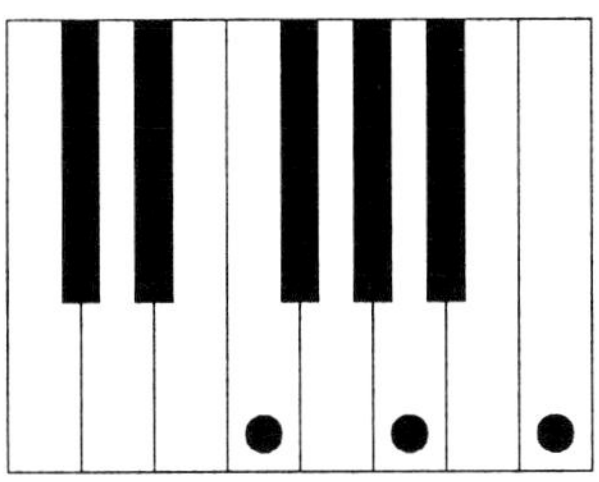

Die Frequenzen der drei Töne sind das 4/3-fache, das 5/3-fache und das doppelte der Frequenz des Ausgangstons unserer Dur-Tonleiter.. Daher hat der zweite Ton des Dreiklangs die (5/3) / (4/3) = 5/4-fache Frequenz des ersten Tones. Der dritte Ton hat die 2 / (4/3) = 3/2-fache Frequenz des Grundtons. Die Frequenzverhältnisse „innerhalb“ dieses Akkords sind also dieselben wir die bei einem Dreiklang auf dem Grundton einer reinen Dur-Tonleiter (siehe Verhältnistabelle reine Stimmung im Anhang „Bildliche Erläuterungen).

An dieser Stelle ist es nützlich, eine neue Bezeichnung einzuführen. Wir verwenden bisher Namen wie „Terz“, um die Stufen einer Tonleiter zu bezeichnen. So nennen wir etwa die dritte Stufe der Dur-Tonleiter Terz. Üblicherweise bezeichnet der Name „Terz“ aber dieses Intervall, ohne auf die Grundstufe einer Tonleiter bezug zu nehmen. In unserem Dreiklang-Beispiel ist auch das Intervall von der Quart über der Grundstufe zu der Sext über der Grundstufe eine Terz. Ein derartiges Intervall wollen wir die „innere Terz“ des Dreiklangs nennen. Im Normalfall bezeichnen also Namen wie Sekund, Terz, Quart... Stufen der Tonleiter oder Intervalle bezogen auf den Grundton der Tonleiter. Namen wie „innere Sekund“, „innere Terz“, „innere Quart“... dagegen beziehen sich auf Intervalle innerhalb eines Akkords, dessen Grundton nicht die Grundstufe der darunterliegenden Tonleiter ist.

Einen Dur-Dreiklang erhalten wir auch, wenn wir mit der Quint über dem Grundton beginnen und dazu die Sept und die Sekund über der Oktave nehmen.

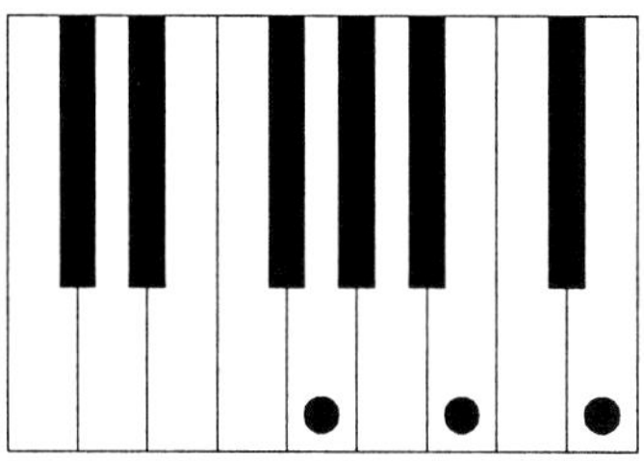

Der erste Ton in diesem Akkord hat die 3/2-fache Frequenz des Grundtons der Dur-Tonleiter. Der zweite Ton hat die 15/8-fache und der dritte die 9/4-fache Frequenz des Grundtons der Dur-Tonleiter (siehe Verhältnistabelle reine Stimmung im Anhang „Bildliche Erläuterungen).

Daher hat der zweite Ton die (15/8) / (3/2) = 5/4-fache Frequenz des ersten Tons und der dritte Ton hat die (9/4) / (3/2) = 3/2-fache Frequenz des ersten Tons. Also sind auch hier die „inneren“ Frequenzverhältnisse wieder die eines Dreiklangs auf dem Grundton einer reinen Dur-Tonleiter, also eines reinen Dur-Dreiklangs.

Lassen wir jetzt den Dreiklang eine Terz unterhalb des Grundtons beginnen. Der Akkord besteht also aus der Sext, die um eine Oktave hinuntergesetzt wurde, aus dem Grundton und aus der Terz. Dieser Dreiklang ist ein Moll-Dreiklang.

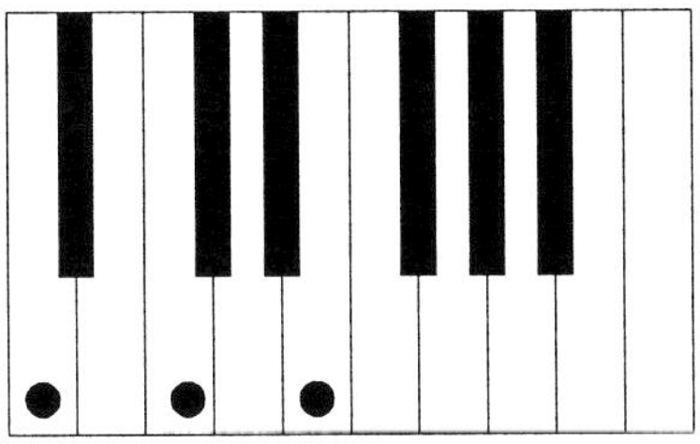

Bei diesem Dreiklang ist die Frequenz des ersten Tons die (5/3) / 2 = 5/6-fache Frequenz des Grundtons der Dur-Tonleiter. Die Frequenz des Grundtons ist die 5/4-fache des Grundtons der Dur-Tonleiter. Daher ist die Frequenz des zweiten Tons die 1 / (5/6) = 6/5-fache Frequenz des ersten Tons und die Frequenz des dritten Tons ist die (5/4) / (5/6) = 3/2-fache Frequenz des ersten Tons. Diese „inneren" Frequenzverhältnisse sind die Charakteristik eines Moll-Dreiklangs.

Bei einem Moll-Dreiklang ist die Frequenz des zweiten (mittleren) Tons das 6/5-fache der Frequenz des Basistons und die Frequenz des (dritten) höchstens das 3/2-fache der Frequenz des Basistons. Man kann auch nachrechnen, daß die drei Töne eines Moll-Dreiklangs die 10-fache, die 12-fache und die 15-fache Frequenz eines gemeinsamen Grundtons haben. Wenn unser Moll-Dreiklang beispielsweise aus Tönen der Frequenz 220 Hz, 264 Hz und 330 Hz besteht, dann sind diese drei Frequenzen das 10-fache, das 12-fache und das 15-fache der Basisfrequenz 22 Hz.

Es gibt in unserer reinen Tonleiter noch einen weiteren Moll-Akkord. Wenn wir den Dreiklang ausgehend von der Terz bilden, dann erhalten wir einen Akkord aus Terz, Quint und Sept der reinen Dur-Tonleiter.

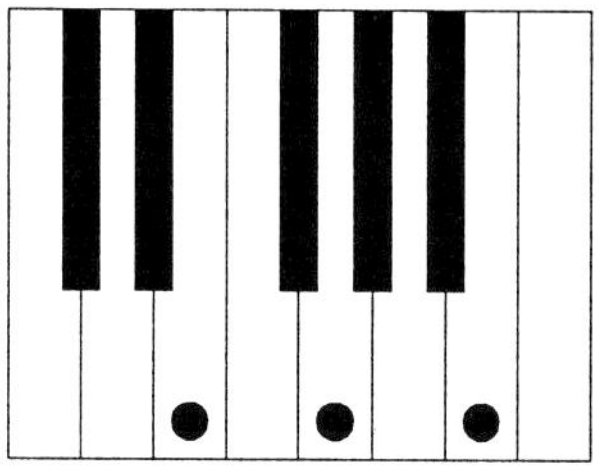

In diesem Akkord haben die drei Töne die 5/4-fache, die 3/2-fache und die 15/8-fache Frequenz des Grundtons der Tonleiter. Daher hat der zweite Ton die (3/2) / (5/4) = 6/5-fache und der dritte Ton die (15/8) / (5/4) = 3/2-fache Frequenz des ersten Tons. Daher ist dieser Akkord tatsächlich ebenfalls ein Moll-Dreiklang.

Als nächsten untersuchen wir den Dreiklang, der auf der Sekund beginnt.

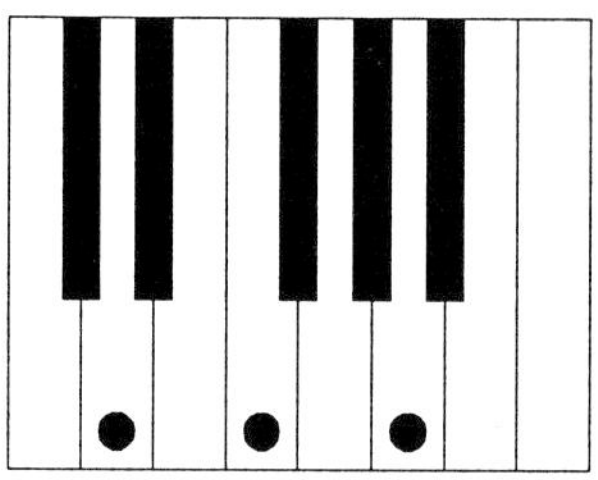

Dieser Akkord klingt nicht besonders sauber. Warum ist das so?

Die drei Töne dieses Dreiklangs haben die 9/8-fache, die 4/3-fache und die 5/3-fache Frequenz des Basistons der Dur-Tonleiter (siehe Verhältnistabelle reine Stimmung im Anhang „Bildliche Erläuterungen"). Daher beträgt die Frequenz des zweiten und des dritten Tons dieses Akkords das (4/3) / (9/8) = 32/27-fache und das (5/3) / (9/8) = 40/27-fache der Frequenz des ersten Tons dieses Akkords. Wäre der Akkord ein reiner Moll-Dreiklang, dann müßten die Frequenzverhältnisse jedoch 6/5 und 3/2 lauten. Berechnen wir diese Werte als Dezimalzahlen:

32/27 = 1.1852 6/5 = 1.2000

40/27 = 1.4815 3/2 = 1.5000

Im Vergleich zu einem reinen Moll-Dreiklang sind also sowohl die „innere Terz“ – also der Abstand zwischen erstem und zweitem Ton – als auch die „innere Quint“ – also der Abstand zwischen erstem und drittem Ton – zu klein.

Wenn wir sowohl für die innere Terz als auch für die innere Quint dieses Intervalls den Quotienten zwischen dem realen Wert (32/27 und 40/27) und dem Sollwert (6/5 und 3/2) berechnen, dann erhalten wir

(6/5) / (32/27) = 81/80 = 1.0125

(3/2) / (40/27) = 81/80 = 1.0125

Dieser Faktor 81/80 = 1.0125 heißt das syntonische Komma (nicht zu verwechseln mit dem pythagoräischen Komma, von dem später die Rede sein wird).

Wenn wir versuchsweise in der reinen Stimmung den Wert der Sekund um dieses syntonische Komma vermindern, dann erhalten wir statt einer Sekund mit einem Frequenzverhältnis von 9/8 eine Sekund mit einem Frequenzverhältnis von (9/8) / (81/80) = 10/9.

In der elektronischen Fassung des Dokuments finden Sie an dieser Stelle einige Tonbeispiele, die Sie auch anhören können.

Wir wollen jetzt untersuchen, welche der beiden Sekunden – 9/8 oder 10/9 – musikalisch sinnvollere Ergebnisse liefert.

Dazu betrachten wir folgende Tabelle:

Intervall	Frequenzverhältnis zum Grundton	Frequenzverhältnis zur inneren Sekund	Frequenzverhältnis zur inneren Terz	Frequenzverhältnis zur inneren Quint
Grundton	1	9/8	5/4	3/2
Sekund	9/8	10/9	32/27	40/27
Terz	5/4	16/15	6/5	3/2
Quart	4/3	9/8	5/4	3/2
Quint	3/2	10/9	5/4	3/2
Sext	5/3	9/8	6/5	3/2
Sept	15/8	16/15	6/5	64/45
Oktave	2	9/8	5/4	3/2

Was bedeuten die Zahlen in den Spalten dieser Tabelle?

- Frequenzverhältnis zum Grundton
  zeigt noch einmal die Frequenzverhältnisse, die wir im Abschnitt Reine Stimmung abgeleitet haben.
  Die Terz über dem Grundton der Tonleiter hat beispielsweise die 5/4-fache Frequenz des Grundtons.

- Frequenzverhältnis zur inneren Sekund
  Verhältnis zwischen der Frequenz eines Tons und dem Ton eine Stufe weiter in der reinen Dur-Tonleiter.
  Ausgehend von der Terz mit 5/4 des Grundtons hat der Ton eine Stufen weiter, also die Quart, das Verhältnis 4/3 zum Grundton, daher haben diese beiden Töne zueinander das Verhältnis (4/3) / (5/4) = 16/15

- Frequenzverhältnis zur inneren Terz
  Verhältnis zwischen der Frequenz eines Tons und dem Ton zwei Stufen weiter in der reinen Dur-Tonleiter.
  Ausgehend von der Terz mit 5/4 des Grundtons hat der Ton zwei Stufen weiter, also die Quint, das Verhältnis 3/2 zum Grundton, daher haben diese beiden Töne zueinander das Verhältnis (3/2) / (5/4) = 6/5

- Frequenzverhältnis zur inneren Quint
  Verhältnis zwischen der Frequenz eines Tons und dem Ton vier Stufen weiter in der reinen Dur-Tonleiter.
  Ausgehend von der Terz mit 5/4 des Grundtons hat der Ton vier Stufen weiter, also die Sept, das Verhältnis 15/8 zum Grundton, daher haben diese beiden Töne zueinander das Verhältnis (15/8) / (5/4) = 3/2

Wenn man jetzt das bisherige Wissen über Dreiklänge, die aus den Tönen der reinen Dur-Tonleiter gebildet werden können, zusammenfaßt, dann stellt man fest, daß es verschiedene Typen von Dreiklängen gibt.

Die Dreiklänge auf dem Grundton, auf der Quart und auf der Quint haben dieselben inneren Intervalle, nämlich eine reine große Terz und eine reine Quint (bezogen auf den Basiston des Dreiklangs).

Die Dreiklänge auf Terz und Sext haben ebenfalls dieselben inneren Frequenzverhältnisse, eine reine kleine Terz und eine reine Quint (bezogen auf den Basiston des Dreiklangs).

Der Dreiklang auf der Sept besteht aus einer reinen kleinen Terz und einem Intervall, das wir bisher noch nicht näher untersucht haben. Dieses Intervall heißt verminderte Quint, es wird uns aber nicht weiter beschäftigen. Übrigens heißt dieser Typ von Dreiklang auch verminderter Dreiklang.

Ein Problem schafft uns der Dreiklang auf der Sekund. Die beiden inneren Intervalle sind fast eine reine kleine Terz und fast eine reine Quint. Beide Intervalle sind aber um ein syntonisches Komma zu klein. Deshalb klingt dieser Dreiklang unsauber. Man kann versuchen, diese Unsauberkeit zu reparieren, indem man den Basiston dieses Akkords um ein syntonisches Komma hinuntersetzt und die beiden oberen Töne des Akkords unverändert läßt. Dadurch werden die beiden „unreinen" Intervalle, nämlich die zu kleine Terz und die zu kleine Quint, wieder auf den korrekten Tonabstand vergrößert. Wir erhalten also auf diese Weise einen reinen Moll-Dreiklang auf der Sekund der reinen Tonleiter.

In der elektronischen Fassung des Dokuments finden Sie an dieser Stelle einige Tonbeispiele, die Sie auch anhören können.

Der Dreiklang mit der modifizierten Sekund klingt sauberer als der Dreiklang mit der „originalen" Sekund. Man könnte daher irrtümlicherweise glauben, daß man das Problem mit dem Dreiklang auf der Sekund dadurch lösen kann, daß man die Sekund um ein syntonisches Komma heruntersetzt. Das funktioniert deswegen nicht, weil dieser Ton (die Sekund) noch in zwei weiteren Dreiklängen vorkommt. Insgesamt kommt die Sekund der Dur-Tonleiter also in drei Dreiklängen vor:

im Dreiklang auf der Sekund

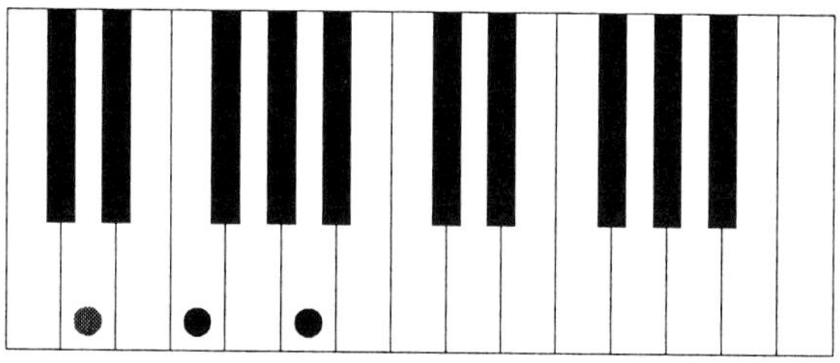

im Dreiklang auf der Quint

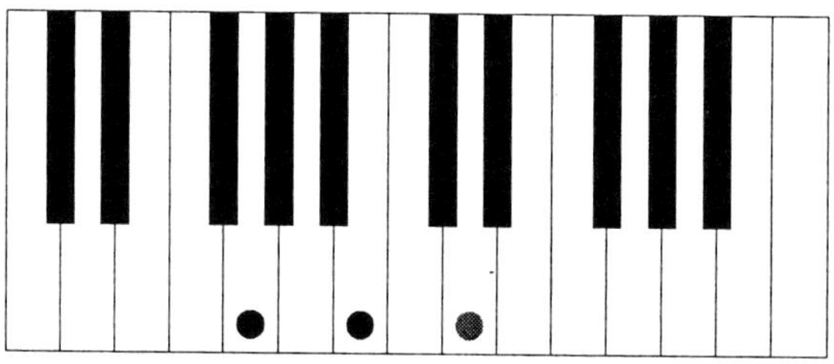

und im Dreiklang auf der Sept

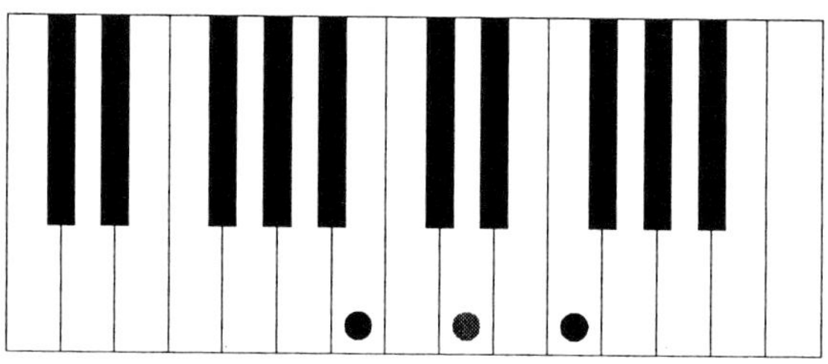

Der Dreiklang auf der Sekund selbst wird – wie wir gerade gesehen haben – durch die Modifikation der Sekund „verbessert“. Der Dreiklang auf der Sept stellt kein besonderes

Problem dar, als verminderter Dreiklang klingt er nicht besonders „wohltönend“ und dieser Effekt wird durch die Modifikation der Sekund nicht besonders verstärkt.

In der elektronischen Fassung des Dokuments finden Sie an dieser Stelle einige Tonbeispiele, die Sie auch anhören können.

Ein recht hörbares Problem entsteht aber beim Dreiklang auf der Quint.

In der elektronischen Fassung des Dokuments finden Sie an dieser Stelle einige Tonbeispiele, die Sie auch anhören können.

Wir benötigen also die unkorrigierte Sekund, damit der Dreiklang auf der Quint sauber klingt, und wir benötigen die korrigierte Sekund, damit der Dreiklang auf der Sekund sauber klingt. Die Tonleiter kann aber nicht gleichzeitig beide Töne enthalten, und daher liegt hier ein im Rahmen der reinen Stimmung letztlich nicht lösbares Problem vor. Das ist einer der Gründe, warum es neben der reinen Stimmung noch weitere Stimmungen gibt.

Die Tabelle, die die inneren Intervalle der Dreiklänge in der Dur-Tonleiter darstellt, zeigt in der Spalte Frequenzverhältnis zur inneren Sekund auch Interessantes. Diese Spalte enthält die Frequenzverhältnisse der „inneren Sekunden“ die man auch Ganztöne und Halbtöne nennt. Hier noch einmal die entsprechenden Tabellenspalten:

Intervall	Ganzton oder Halbton	Frequenzverhältnis zur inneren Sekund
Grundton	Ganzton	9/8
Sekund	Ganzton	10/9
Terz	Halbton	16/15
Quart	Ganzton	9/8
Quint	Ganzton	10/9
Sext	Ganzton	9/8
Sept	Halbton	16/15
Oktave	Ganzton	9/8

Diese Tabelle zeigt, daß die reine Stimmung zwei Arten von Ganztönen enthält, nämlich den 9/8-Ganzton und den 10/9-Ganzton. Der Unterschied (bzw. das Unterschiedsverhältnis) zwischen diesen beiden Ganztönen ist etwas, was wir schon kennen: (9/8) / (10/9) = 81/80, also das syntonische Komma.

Wir sehen auch, daß die reine große Terz aus einem größeren und einem kleineren Ganzton besteht. Die kleine Terz besteht aus einem größeren Ganzton und einem Halbton.

Wir sehen außerdem, daß der Dur-Dreiklang vom ersten zum zweiten Ton eine große Terz und vom zweiten zum dritten Ton eine kleine Terz enthält. Der Moll-Dreiklang enthält ebenfalls diese beiden Intervalle, nur in umgekehrter Reihenfolge. Beim Moll-Dreiklang ist der Abstand zwischen erstem und zweitem Ton eine kleine Terz, und der Abstand zwischen zweitem und drittem Ton eine große Terz. Man könnte also auch sagen, daß der Moll-Dreiklang ein „auf den Kopf gestellter" Dur-Dreiklang ist.

Wir haben versucht, das Problem des Dreiklangs auf der Sekund zu lösen, indem wir die Sekund um ein syntonisches Komma hinuntergesetzt haben. In der obigen Tabelle würde das bewirken, daß der 10/9-Ganzton und der 9/8-Ganzton an der ersten und der zweiten Stelle der Tonreihe Platz tauschen, daß wir also mit einem 10/9-Ganzton beginnen und danach ein 9/8-Ganzton kommt. Wir haben auch gesehen, daß wir mit diesem korrigierten Ton ein Problem (Dreiklang auf der Sekund) lösen können, dafür ein neues Problem (Dreiklang auf der Quint) schaffen.

Es erscheint außerdem unbefriedigend, daß die reine Stimmung zwei verschiedene Arten von Ganztönen enthält. Viele Probleme könnten leichter gelöst werden, wenn es nur eine Art von Ganzton gäbe. Wir werden in den weiteren Abschnitten sehen, wie verschiedene Stimmungen versuchen, die eben beschriebenen Probleme zu lösen.

Zur weiteren Lektüre empfiehlt sich als nächstes der Abschnitt Pythagoräische Stimmung.

Pythagoräische Stimmung

Wenn Sie den Abschnitt über Intervalle und Dreiklänge in reiner Stimmung durchgearbeitet haben, dann kennen Sie bereits einen Teil der Informationen, die in diesem Abschnitt präsentiert werden. Wir beschäftigen uns im folgenden zunächst genauer mit einigen Eigenschaften der reinen Stimmung. Sie sollten diese Informationen auch dann nicht überspringen, wenn Ihnen ein Teil davon bereits bekannt ist.

Im Abschnitt Reine Stimmung haben wir die reine Stimmung näher untersucht. Diese Stimmung hat folgendes Problem:

Vom Grundton zur Sekund und von der Sekund zur Terz handelt es sich eigentlich um das selbe Intervall:

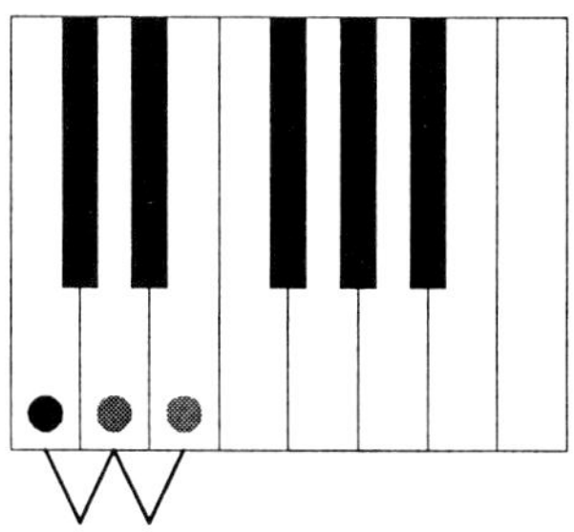

Der Sekund entspricht ein Frequenzverhältnis von 9/8, der Terz von 5/4. Daher ist das Frequenzverhältnis von Sekund zur Terz (5/4) / (9/8) = 40/36 = 10/9. Dieses Intervall sollte aber das selbe Intervall wie die „normale" Sekund, entsprechend dem Verhältnis 9/8 sein. Offensichtlich sind in der reinen Stimmung nicht alle auftretenden Sekunden (oder anders gesagt alle Ganztöne) gleich. Unter einem Ganzton versteht man nämlich eine Sekund.

Wenn wir die Tastatur vor uns betrachten, dann sehen wir, daß dort mehrere Ganztöne (oder Sekunden) auftreten, und zwar zwischen folgenden Stufen (das heißt unmittelbar aufeinanderfolgenden Tönen) der Dur-Tonleiter:

1-2, 2-3, 4-5, 5-6, 6-7

Wir erkennen Ganztöne auf der Tastatur daran, daß zwischen den beiden betreffenden weißen Tasten eine schwarze Taste liegt.

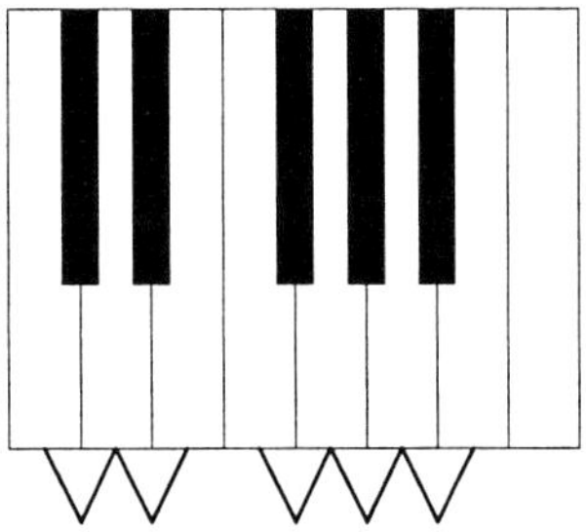

Wenn wir die Werte für die Frequenzen der einzelnen Stufen aus dem Abschnitt Reine Stimmung verwenden, dann können wir die Werte der Frequenzverhältnisse für diese Ganztöne berechnen. Dazu müssen wir die Frequenzverhältnisse solcher aufeinanderfolgender Töne bezogen auf den Grundton einfach durcheinander dividieren.

Stufen	Verhältnisse	Ganzton
1-2	9/8 / 1	9/8
2-3	5/4 / 9/8	10/9
4-5	3/2 / 4/3	9/8
5-6	5/3 / 3/2	10/9
6-7	15/8 / 5/3	9/8

Wir sehen also, daß es in der reinen Tonleiter 5 Ganztöne gibt, die aber nicht alle gleich sind. Es gibt zwei verschiedene Typen von Ganztönen: die Ganztöne von Stufen 1 nach Stufe 2, von Stufe 4 nach Stufe 5 und von Stufe 6 nach Stufe 7 haben ein Frequenzverhältnis von 9/8, die Ganztöne zwischen den Stufen 2-3 und 5-6 haben ein Frequenzverhältnis von 10/9.

Der Vollständigkeit halber wollen wir auch noch die Frequenzverhältnisse ausrechnen, die zu den Halbtönen zwischen den Stufen 3-4 und den Stufen 7-8 gehören (Halbtöne erkennen wir auf der Tastatur daran, daß zwischen den beiden betreffenden Tasten keine weitere Taste mehr liegt).

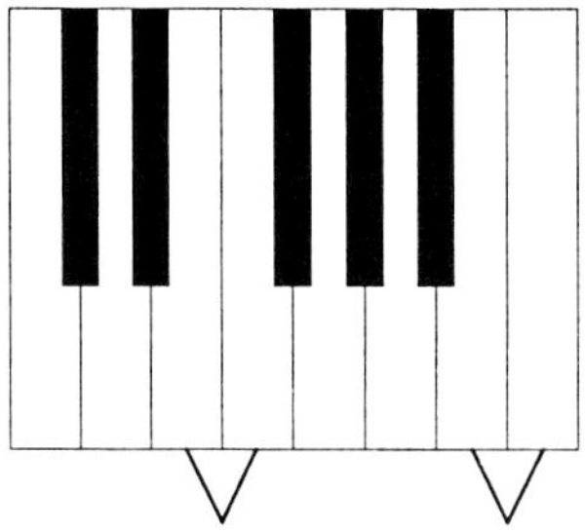

Die entsprechenden Frequenzverhältnisse sehen wir in folgender Tabelle:

Stufen	Verhältnisse	Halbton
3-4	4/3 / 5/4	16/15
7-8	2 / 15/8	16/15

Diese beiden Halbtöne haben also das gleiche Frequenzverhältnis. Im Idealfall sollten zwei Halbtöne gerade einen Ganzton ergeben, also sollte ein Ganzton das Frequenzverhältnis (16/15) * (16/15) = 256/225 haben. In dezimaler Schreibweise ist der Wert dieses Bruches 256/225 = 1.138. Die beiden Ganztöne in der reine Stimmung haben Dezimalwerte von 9/8 = 1.125 und 10/9 = 1.111. In der reinen Stimmung gibt es also nicht nur verschieden Ganztöne, sondern zwei Halbtöne sind außerdem noch mehr als jeder dieser beiden Ganztöne.

Sehen wir uns diese drei Basistöne ausgehend vom eingestrichenen C einmal an:

Ton	Verhältnisse	Frequenz
Grundton	1	264
Halbton	16/15	281.6
Kleiner Ganzton	10/9	293.3
Großer Ganzton	9/8	297

In der elektronischen Fassung des Dokuments finden Sie an dieser Stelle einige Tonbeispiele, die Sie auch anhören können.

Diese Probleme waren schon den Pythagoräern bekannt. Der Ausweg, den sie wählten, geht so:

Man versucht, die ganze Tonleiter nur aus dem Frequenzverhältnis der reinen Quint, also 3/2, abzuleiten. Dabei ist noch folgende Feststellung wichtig: Die Ergänzung der Quint auf eine Oktave ist die Quart. Anders gesagt ist eine Quart nichts anderes als eine Oktave hinauf und dann eine Quint herunter. Wir können daher in unserem System auch Quarten verwenden und bleiben trotzdem beim Grundprinzip, alles aus der Quint abzuleiten.

Welche Intervalle lassen sich auch in der reinen Stimmung unmittelbar aus der Quint ableiten: Die Quint, die Quart und die Sekund. Daher können wir folgende Töne aus der reinen Stimmung übernehmen:

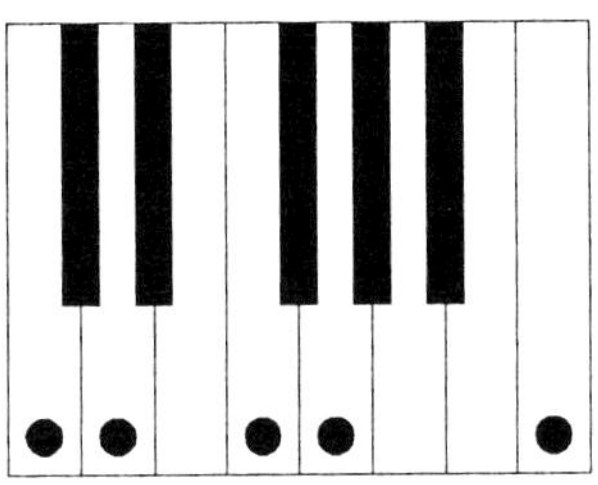

Die noch fehlenden Töne sind ebenfalls nicht sehr schwer zu bestimmen:

Die fehlende Terz erhalten wir, indem wir von der Sekund aus noch eine weitere Sekund aufwärts gehen. Dabei bleiben wir unserem Prinzip, alles aus der Quint abzuleiten, treu, weil die

Sekund als „zwei Quinten hinauf und dann eine Oktave herunter“ beschrieben werden kann:

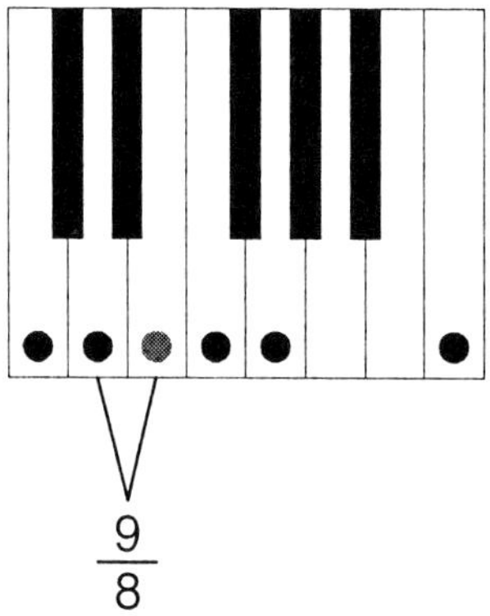

Ausgehend von der Grundfrequenz ergibt das ein Frequenzverhältnis von 9/8 * 9/8 = 81/64. Bei der reinen Stimmung hatten wir für dieses Intervall, die Terz, das Verhältnis 5/4 = 80/64.

Wenn wir also die Terz aus der pythagoräischen Stimmung und die Terz aus der reinen Stimmung miteinander vergleichen und das entsprechende Frequenzverhältnis bilden, dann erhalten wir (81/64) / (80/64) = 81/80. Die musikalisch wichtigste Frage ist, ob man so einen Unterschied noch hören kann.

In der elektronischen Fassung des Dokuments finden Sie an dieser Stelle einige Tonbeispiele, die Sie auch anhören können.

Das Intervall mit dem Frequenzverhältnis 81/80 = 1.025 heißt syntonisches Komma. Der Unterschied zwischen der reinen Terz und der pythagoräischen Terz beträgt also ein syntonisches Komma.

Die noch fehlenden Töne in unserer Dur-Tonleiter sind die Sext und die Sept. Die Sext können wir am einfachsten als Quint über der Sekund bekommen.

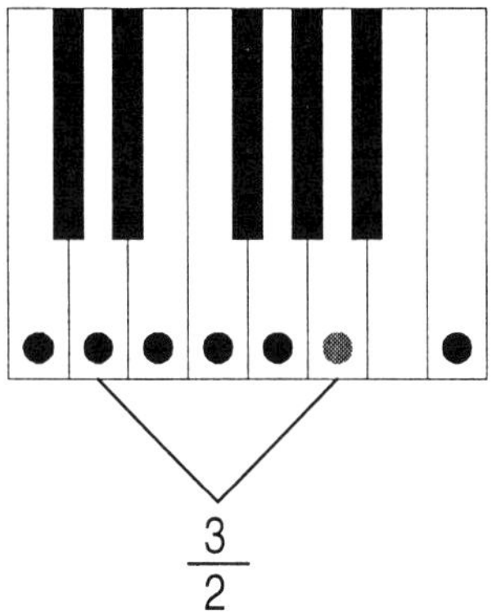

Das Frequenzverhältnis zum Grundton ermitteln wir als 3/2 * 9/8 = 27/16. Bei der reinen Stimmung hatte dieses Verhältnis den Wert 5/3. Auf gemeinsamen Nenner gebracht haben wir in der pythagoräischen Stimmung den Wert 81/48 und in der reinen Stimmung den Wert 80/48. Der Quotient dieser beiden Verhältnisse ist 81/80, also tritt auch hier wieder das syntonische Komma auf.

Die Sept ermitteln wir als Quint über unserer neuen Terz. Wir sehen das im folgenden Bild:

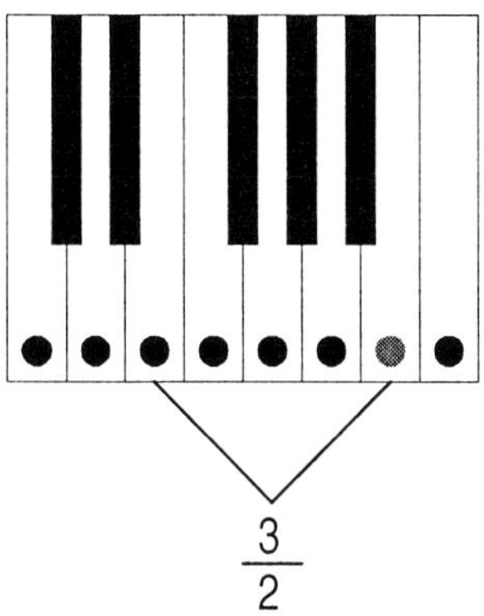

Als Wert für das Frequenzverhältnis erhalten wir 81/64 * 3/2 = 243/128. In der reinen Stimmung haben wir für die Sept den Wert 15/8 = 240/128. Der Quotient beider Verhältnisse ist wieder 243/240 = 81/80, also ebenfalls das syntonische Komma.

Wenn wir alle diese Werte für die pythagoräische Stimmung zusammenfassen und den entsprechenden Werten der reinen Stimmung gegenüberstellen, dann erhalten wir folgende

Tabelle (die Intervalle, bei denen sich die reine und die pythagoräische Stimmung voneinander unterscheiden, sind darin mit Sternchen markiert):

Intervall	Pythagoräisch	Rein
Grundton	1	1
Sekund	9/8	9/8
Terz*	81/64	5/4
Quart	4/3	4/3
Quint	3/2	3/2
Sext*	27/16	5/3
Sept*	243/128	15/8
Oktave	2	2

Rechnen wir diese Brüche in Dezimalzahlen mit Kommastellen um, dann erhalten wir folgende Tabelle:

Intervall	Pythagoräisch	Rein
Grundton	1.0000	1.0000
Sekund	1.1250	1.1250
Terz*	1.2656	1.2500
Quart	1.3333	1.3333
Quint	1.5000	1.5000
Sext*	1.6875	1.6667
Sept*	1.8984	1.8750
Oktave	2.0000	2.0000

Wenn wir ausgehend von dieser Tabelle die Frequenzen der einzelnen Töne (in C-Dur) berechnen, dann erhalten wir folgende Werte :

Intervall	Pythagoräisch	Rein
Grundton	264.00	264
Sekund	297.00	297
Terz*	334.13	330
Quart	352.00	352
Quint	396.00	396
Sext*	445.50	440
Sept*	501.19	495
Oktave	528.00	528

In der elektronischen Fassung des Dokuments finden Sie an dieser Stelle einige Tonbeispiele, die Sie auch anhören können.

Wir merken deutlich hörbare Unterschiede zwischen diesen beiden Stimmungen.

Im Abschnitt Intervalle und Dreiklänge in pythagoräischer Stimmung erfahren Sie mehr über Eigenschaften der pythagoräischen Stimmung.

Wenn Sie lieber gleich mehr über weitere Stimmungen lernen wollen, dann gehen Sie zum Abschnitt Mitteltönige Stimmung.

Intervalle und Dreiklänge in pythagoräischer Stimmung

Dieser Abschnitt ist mathematisch etwas anspruchsvoller als einige andere. Die wichtigsten Sachverhalte in den Abschnitten über die anderen Stimmungen können Sie auch verstehen, wenn Sie diesen Abschnitt zunächst einmal nur überfliegen. Dieser Abschnitt soll Ihnen vor allem dabei helfen, zu verstehen, warum die reine Stimmung zur pythagoräischen Stimmung abgeändert wird.

Wenn man in einer Dur-Tonleiter in pythagoräischer Stimmung gleichzeitig den Grundton, die große Terz darüber und die Quint darüber spielt, dann erhält man einen Dur-Dreiklang.

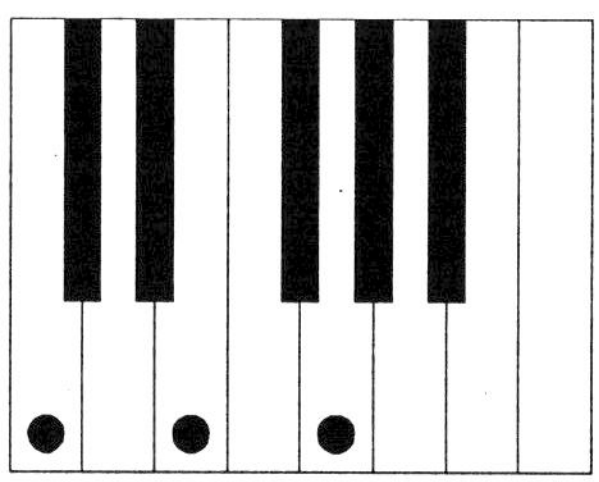

Dieser Akkord klingt unreiner als der gleiche Akkord in reiner Stimmung.

Ähnlich wie bei der reinen Dur-Tonleiter können wir aus den Tönen der pythagoräischen Dur-Tonleiter noch weitere Dreiklänge bilden, in dem wir für jeden Ton der Tonleiter jenen Akkord bilden, der aus diesem Ton, dem Ton „zwei Töne höher" und dem Ton „vier Töne höher" besteht. „Ein Ton höher" bedeutet dabei einen Schritt in der Tonleiter hinauf bis zur nächsten weißen Taste.

In der elektronischen Fassung des Dokuments finden Sie an dieser Stelle einige Tonbeispiele, die Sie auch anhören können.

Beginnen wir jetzt mit einer genaueren Analyse all dieser Dreiklänge.

Dazu betrachten wir folgende Tabelle der inneren Intervallverhältnisse.

Frequenzverhältnisse, pythagoräische Stimmung (als Bruch)

Intervall	Frequenzverhältnis zum Grundton	Frequenzverhältnis zur inneren Sekund	Frequenzverhältnis zur inneren Terz	Frequenzverhältnis zur inneren Quint
Grundton	1	9/8	81/64	3/2
Sekund	9/8	9/8	32/27	3/2
Terz	81/64	256/243	32/27	3/2
Quart	4/3	9/8	81/64	3/2
Quint	3/2	9/8	81/64	3/2
Sext	27/16	9/8	32/27	3/2
Sept	243/128	256/243	32/27	1024/729
Oktave	2	9/8	81/64	3/2

Dieselben Werte nicht als Brüche sondern als Dezimalzahlen mit Nachkommastellen dargestellt sehen so aus:

Frequenzverhältnisse, pythagoräische Stimmung

Intervall	Frequenzverhältnis zum Grundton	Frequenzverhältnis zur inneren Sekund	Frequenzverhältnis zur inneren Terz	Frequenzverhältnis zur inneren Quint
Grundton	1.0000	1.1250	1.2656	1.5000
Sekund	1.1250	1.1250	1.1852	1.5000
Terz	1.2656	1.0535	1.1852	1.5000
Quart	1.3333	1.1250	1.2656	1.5000
Quint	1.5000	1.1250	1.2656	1.5000
Sext	1.6875	1.1250	1.1852	1.5000
Sept	1.8984	1.0535	1.1852	1.4047
Oktave	2.0000	1.1250	1.2656	1.5000

Beim Anhören dieser Dreiklänge stellt man fest, daß die musikalisch wichtigen Dreiklänge auf dem Grundton, auf der Quart und auf der Quint in der pythagoräischen Stimmung relativ rauh klingen. Deswegen hat man nach anderen Stimm-Methoden gesucht. Eines der alternativen Stimmverfahren ist die mitteltönige Stimmung.

Mitteltönige Stimmung

Ein sehr schwieriges Problem bei der reinen Stimmung lautet so:

Idealerweise müßten 4 Quinten hintereinander, wenn man den letzten Ton um 2 Oktaven heruntersetzt, eine Terz ergeben.

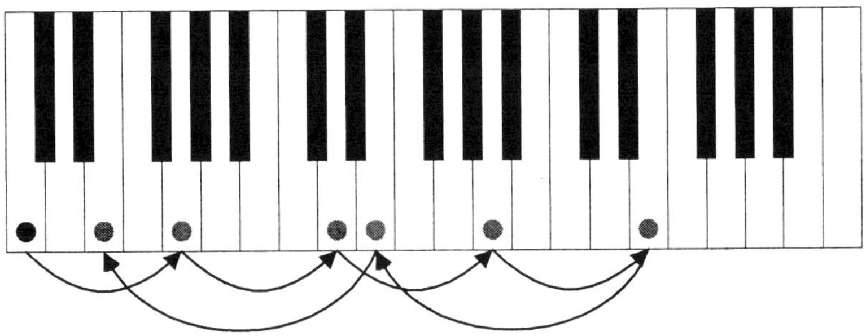

Dieses Problem ist uns schon bei der Konstruktion der pythagoräischen Stimmung begegnet. Dort haben wir festgestellt, daß man nicht die reine Terz erhält, wenn man hintereinander 2 Sekunden hinauf geht. Da eine Sekund 2 Quinten hinauf und anschließend einer Oktave herunter entspricht, sind 2 Sekunden insgesamt 4 Quinten hinauf und 2 Oktaven herunter. Damals haben wir das Problem gelöst, indem wir die pythagoräische Terz konstruiert haben, die aus 2 reinen Sekunden besteht. Zwei Sekunden hinauf (oder 4 Quinten hinauf und 2 Oktaven herunter) sind etwas größer als die reine Terz, nämlich 81/64 verglichen mit 5/4 = 80/64.

Damit ergeben in der pythagoräischen Stimmung 4 Quinten eine Terz, weil die pythagoräische Terz etwas größer als die reine Terz angesetzt wird.

Der Unterschied, der zwischen einer reine Terz und zwei reinen Ganztönen auftritt, heißt, wie wir schon wissen, syntonisches Komma. Man könnte daher auch sagen, daß die reine Stimmung das Problem mit der Terz und den Ganztönen löst, indem ein Intervall, nämlich die Terz zwischen Grundton und dritter Stufe, um das syntonische Komma vergrößert wird.

Ein anderer Weg, zu erzwingen, daß 4 Quinten hinauf und 2 Oktaven hinunter exakt eine Terz ergeben, besteht darin, nicht die Terz zu vergrößern, sondern die Quint zu verkleinern. Vier solche Quinten hintereinander müssen dann genau beim selben Ton enden wie eine Terz und zwei Oktaven. Eine Terz und zwei Oktaven hintereinander erzeugen ein Frequenzverhältnis von (5/4) * 2 * 2 = 5. Daher weist die Quint, die wir jetzt benötigen, ein Frequenzverhältnis auf, das 5 ergibt, wenn man es viermal mit sich selbst multipliziert. Die neue Quint hat also als Frequenzverhältnis die vierte Wurzel aus 5. Das wird mathematisch auch so angeschrieben: 5^(1/4), und es gilt 5^(1/4) = 1.4953. Die reine Quint hatte den Wert 3/2 = 1.5000. Diese neue Quint hat die gesuchte Eigenschaft, daß 4 solcher Quinten eine Terz erzeugen, wenn man nach den 4 Quintsprüngen noch 2 Oktaven hinuntergeht. Daraus wollen wir wieder eine ganze Dur-Tonleiter ableiten. Die Stimmung dieser Tonleiter heißt mitteltönige Stimmung.

Basisintervalle für diese neue Konstruktion sind die neue Quint und die Terz. Da die neue Quint ja aus der Terz abgeleitet ist, können wir auch sagen, daß wir die gesamte Tonleiter aus der reinen Terz konstruieren. Wir beginnen mit Terz, Quint und Oktave:

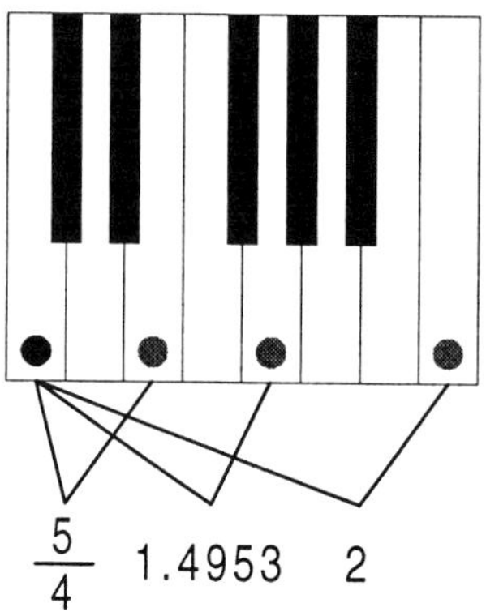

Als nächstes bestimmen wir die Sekund. Wir erhalten sie, indem wir 2 unserer neuen Quinten hinauf und dann eine Oktave herunter gehen. Daher ist das Frequenzverhältnis 5^(1/4) * 5^(1/4) / 2 = 1.1180.

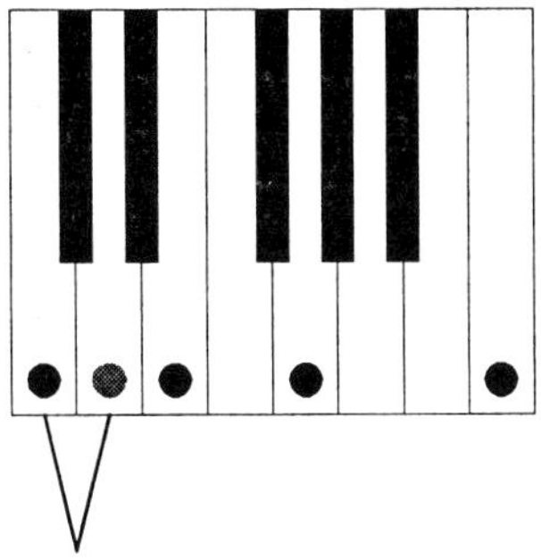

1.1180

Zum Vergleich: Die Sekund in der reinen Stimmung war 9/8 = 1.1250. Die Sekund in der pythagoräischen Stimmung war identisch mit der reinen Sekund. Wenn wir jetzt die Sekunden ausgehend von der Grundfrequenz 264 Hz für die reine und die mitteltönige Stimmung berechnen, dann erhalten wir 297 Hz bzw. 295.16 Hz.

Diesen Unterschied sollten wir uns wieder anhören.

In der elektronischen Fassung des Dokuments finden Sie an dieser Stelle einige Tonbeispiele, die Sie auch anhören können.

Da der Frequenzunterschied ungefähr 2 Hz beträgt und die beiden Töne 1.5 Sekunden lang gespielt werden, sollte man etwa 3 Schwebungen hören.

Die restlichen Töne in unserer Dur-Tonleiter bestimmen wir so:

Wir haben uns schon überlegt, daß eine Quart hinauf nichts anderes als eine Oktave hinauf und dann eine Quint hinunter ist. Daher muß die Quart in der mitteltönigen Stimmung ein Frequenzverhältnis von 2 / 1.4953 = 1.3375 haben.

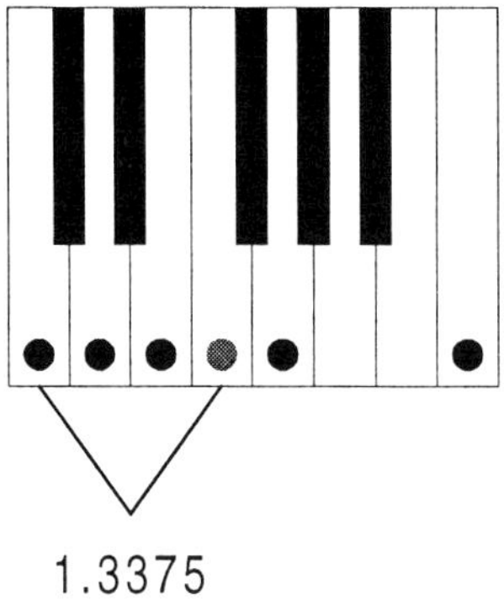

Dieses Frequenzverhältnis unterscheidet sich von dem entsprechenden Verhältnis für die Quart in der reinen und in der pythagoräischen Stimmung, wo es den Wert 4/3 = 1.3333 hat.

Die beiden noch fehlenden Töne sind leicht mit Hilfe unserer neuen Quint zu gewinnen: sie liegen jeweils eine Quint über der Sekund bzw. der Terz:

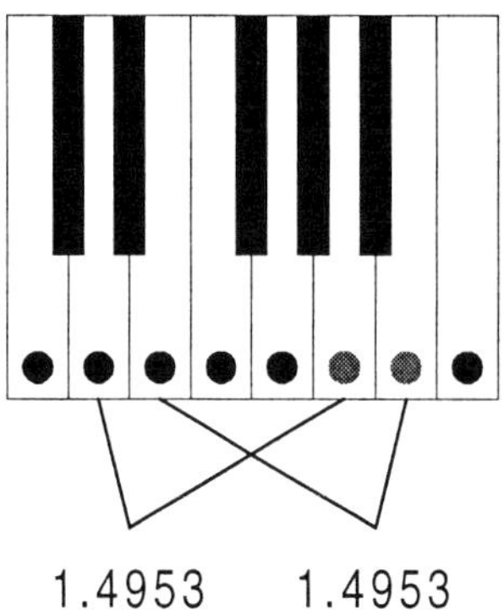

Wenn wir die ermittelten Frequenzverhältnisse gesammelt in eine Tabelle eintragen und gleich der reinen und der pythagoräischen Stimmung gegenüberstellen, dann erhalten wir folgende Werte:

Intervall	Mitteltönig	Pythag.	Rein
Grundton	1.0000	1.0000	1.0000
Sekund	1.1180	1.1250	1.1250
Terz	1.2500	1.2656	1.2500
Quart	1.3375	1.3333	1.3333
Quint	1.4953	1.5000	1.5000
Sext	1.6719	1.6875	1.6667
Sept	1.8692	1.8984	1.8750
Oktave	2.0000	2.0000	2.0000

Wenn wir ausgehend von dieser Tabelle die Frequenzen der einzelnen Töne (in C-Dur) berechnen, dann erhalten wir folgende Werte :

Intervall	Mitteltönig	Pythag.	Rein
Grundton	264.00	264.00	264
Sekund	295.16	297.00	297
Terz	330.00	334.13	330
Quart	353.09	352.00	352
Quint	394.77	396.00	396
Sext	441.37	445.50	440
Sept	493.47	501.19	495
Oktave	528.00	528.00	528

In der elektronischen Fassung des Dokuments finden Sie an dieser Stelle einige Tonbeispiele, die Sie auch anhören können.

Es gibt deutlich hörbare Unterschiede zwischen diesen drei Stimmungen.

Im Abschnitt Intervalle und Dreiklänge in mitteltöniger Stimmung erfahren Sie mehr über Eigenschaften der pythagoräischen Stimmung.

Wenn Sie lieber gleich mehr über weitere Stimmungen lernen wollen, dann gehen Sie zum Abschnitt Gleichschwebende Stimmung.

Intervalle und Dreiklänge in mitteltöniger Stimmung

Dieser Abschnitt ist mathematisch etwas anspruchsvoller als einige andere. Die wichtigsten Sachverhalte in den Abschnitten über die anderen Stimmungen können Sie auch verstehen, wenn Sie diesen Abschnitt zunächst einmal nur überfliegen. Dieser Abschnitt soll Ihnen vor allem dabei helfen, zu verstehen, warum die man zusätzlich zur reinen und zur pythagoräischen Stimmung auch noch die mitteltönige Stimmung benötigt.

Beim genaueren Untersuchen der reinen Stimmung haben wir festgestellt, daß wir Probleme mit manchen Dreiklängen haben. Insbesondere klingt der Dreiklang auf der Sekund sehr unsauber, weil die innere Quint des Dreiklangs auf der Sekund um ein syntonisches Komma zu klein ist und daher nur ein Frequenzverhältnis von 40/27 = 1.4815 hat. Das entsprechende Frequenzverhältnis der reinen Quint ist 3/2 = 1.5000.

In der elektronischen Fassung des Dokuments finden Sie an dieser Stelle einige Tonbeispiele, die Sie auch anhören können.

In der pythagoräischen Stimmung tritt diese unangenehme Eigenschaft nicht auf. Dafür sind aber die Terzen in den drei Dur-Dreiklängen auf dem Grundton, auf der Quart und auf der Quint um ein syntonisches Komma zu hoch und daher klingen diese Dreiklänge relativ rauh und nicht sehr harmonisch.

In der elektronischen Fassung des Dokuments finden Sie an dieser Stelle einige Tonbeispiele, die Sie auch anhören können.

Hören wird uns daher zunächst den Dur-Dreiklang auf dem Grundton einer mitteltönig gestimmten Dur-Tonleiter an.

In der elektronischen Fassung des Dokuments finden Sie an dieser Stelle einige Tonbeispiele, die Sie auch anhören können.

Dieser Dreiklang klingt sehr rein, fast genau so wie der Dur-Dreiklang auf dem Grundton einer Dur-Tonleiter in reiner Stimmung.

Ähnlich wie bei der reinen und der pythagoräischen Dur-Tonleiter können wir auch aus den Tönen der mitteltönigen Dur-Tonleiter noch weiter Dreiklänge bilden, in dem wir für jeden Ton der Tonleiter jenen Akkord bilden, der aus diesem Ton, dem Ton „zwei Töne höher" und dem Ton „vier Töne höher" besteht. „Ein Ton höher" bedeutet dabei einen Schritt in der Tonleiter hinauf bis zur nächsten weißen Taste.

In der elektronischen Fassung des Dokuments finden Sie an dieser Stelle einige Tonbeispiele, die Sie auch anhören können.

Beginnen wir jetzt mit einer genaueren Analyse all dieser Dreiklänge.

Dazu betrachten wir folgende Tabelle der inneren Intervallverhältnisse.

Frequenzverhältnisse, mitteltönige Stimmung

Intervall	Frequenz-verhältnis zum Grundton	Frequenz-verhältnis zur inneren Sekund	Frequenz-verhältnis zur inneren Terz	Frequenz-verhältnis zur inneren Quint
Grundton	1.0000	1.1180	1.2500	1.4953
Sekund	1.1180	1.1180	1.1963	1.4953
Terz	1.2500	1.0700	1.1963	1.4953
Quart	1.3375	1.1180	1.2500	1.4953
Quint	1.4952	1.1180	1.2500	1.4953
Sext	1.6719	1.1180	1.1963	1.4953
Sept	1.8692	1.0700	1.1963	1.4311
Oktave	2.0000	1.1180	1.2500	1.4953

Beim Vergleich dieser Dreiklänge stellen wir fest, daß die Dur-Dreiklänge auf Grundton, Quart und Quint in der mitteltönigen Stimmung fast genau so wohlklingend (oder euphonisch) wie in der reinen Stimmung sind. Außerdem hat die mitteltönige Stimmung nicht das Problem mit dem nicht sehr wohlklingenden Moll-Dreiklang auf der Sekund. Andererseits hat die mitteltönige Stimmung nicht das Hauptproblem der reinen Stimmung, nämlich die verschiedenen Ganztöne. Die mitteltönige Stimmung hat also fast den gesamten Vorteil der reinen Stimmung ohne den schwersten Nachteil der pythagoräischen Stimmung. Es sieht also so aus, als ob wir hier das „beste“ Stimmverfahren gefunden hätten. Warum das nicht so ist, erfahren Sie im Abschnitt über die gleichschwebende Stimmung.

Gleichschwebende Stimmung

Ein ganz wichtiger musikalischer Begriff ist der Quintenzirkel: Wenn wir hintereinander 12 Quinten durchlaufen, dann sollten wir wieder beim gleichen Ton (in höherer Lage, genauer gesagt 7 Oktaven höher) angelangt sein. Als Bild sieht das so aus:

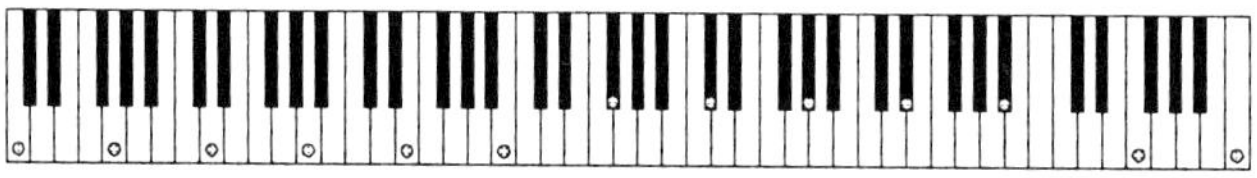

Das Frequenzverhältnis einer Oktave beträgt 2. Daher hat das Frequenzverhältnis von zwei Tönen im Abstand von 7 Oktaven den Wert 2^7 = 128.

In der reinen Stimmung ist das Frequenzverhältnis einer Oktave 3/2 = 1.5. Daher hat das Frequenzverhältnis von zwei Tönen im Abstand von 12 Quinten den Wert
(3/2)^12 = 1.5^12 = 531441/4096 = 129.7463.

Wenn wir vom selben Grundton ausgehend einmal 12 Quinten und ein anderes mal 7 Oktaven hinaufgehen, dann erhalten wir zwei Töne, deren Frequenzen zueinander im Verhältnis
((3/2)^12) / 2^7 = 3^12 / 2^19 = 531441/524288 = 1.013643
stehen. Dieses Verhältnis heißt pythagoräisches Komma, und es gibt an, „um welchen Betrag sich der Quintenzirkel in der reinen Stimmung nicht schließt". Der Ton, der 12 Quinten über dem Ausgangston liegt, ist geringfügig höher als der Ton, der 7 Oktaven über dem Ausgangston liegt. Die reine Quint ist also für einen sich schließenden den Quintenzirkel ein bißchen zu groß.

In der elektronischen Fassung des Dokuments finden Sie an dieser Stelle einige Tonbeispiele, die Sie auch anhören können.

Da die pythagoräische Stimmung für die Quint das selbe Frequenzverhältnis wie die reine Stimmung verwendet, tritt das Problem des sich nicht schließenden Quintenzirkels auch in dieser Stimmung auf.

Was wird aus diesem Problem in der mitteltönigen Stimmung?

Die Quint in der mitteltönigen Stimmung hat ein Frequenzverhältnis von 5^(1/4). Daher haben zwei Töne, die 12 solcher Quinten auseinander liegen, ein Frequenzverhältnis von 5^3 = 125. Im Vergleich zu dem Ton 7 Oktaven über dem Grundton ist das ein bißchen zu niedrig. Wenn wir vom selben

Grundton aus einmal 12 mitteltönige Quinten und dann 7 Oktaven hinauf gehen, dann haben die beiden Töne, die wir so erhalten, ein Frequenzverhältnis von 125/128 = 0.9766. Die mitteltönige Quint ist also für einen sich schließenden Quintenzirkel ein bißchen zu klein.

In der elektronischen Fassung des Dokuments finden Sie an dieser Stelle einige Tonbeispiele, die Sie auch anhören können.

Wie groß müßte eine Quint sein, bei der sich der Quintenzirkel exakt schließt? 12 solcher Quinten müßten 7 Oktaven ergeben. Wir brauchen daher jene Zahl, deren 12-te Potenz 128 ergibt, also 128^(1/12) = 2^(7/12) = 1.4983. Mit dieser Quint schließt sich der Quintenzirkel.

Wir bilden jetzt aufbauend auf diese Quint wieder unsere Tonleiter. Wenn wir wie früher die Tatsache verwenden, daß die Quart auch als „eine Oktave hinauf und dann eine Quint herunter“ gebildet werden kann, dann können wir sofort die ersten 4 Töne unserer Tonleiter bilden:

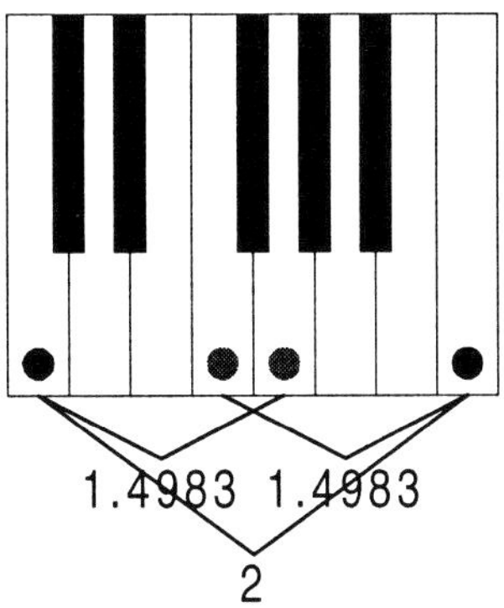

Wie in der pythagoräischen und der mitteltönigen Stimmung entsteht auch in der gleichschwebenden Stimmung die Sekund nach der Methode „zwei Quinten hinauf und dann eine Oktave herunter“. Daher beträgt das Frequenzverhältnis (2^(7/12))^2 / 2 = 2^(1/14) / 2 = 2^(2/12) = 2^(1/6) = 1.1225. Mit diesem Wert für das Frequenzverhältnis der Sekund können wir ausgehend vom Grundton die Sekund der Dur-Tonleiter und von der Sekund aus noch einmal um denselben Wert hinaufgehend die Terz der Dur-Tonleiter bilden.

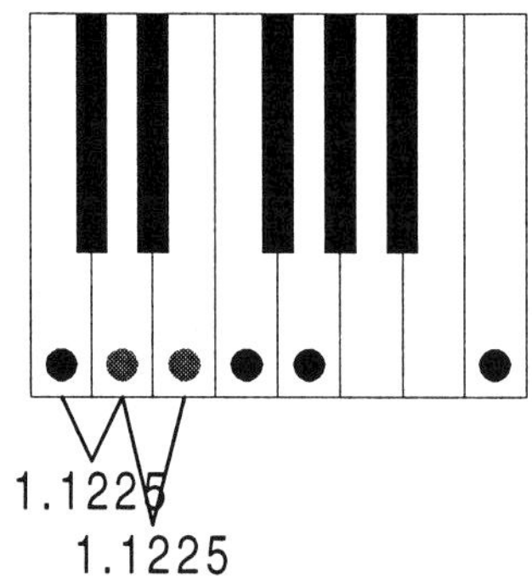

Die beiden noch fehlenden Stufen unserer Tonleiter erhalten wir als Quint über der Sekund und als Quint über der Terz der Tonleiter:

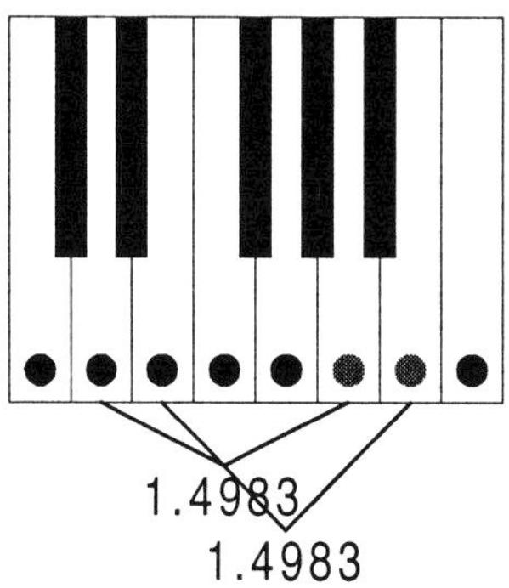

Wenn wir die ermittelten Frequenzverhältnisse gesammelt in eine Tabelle eintragen und gleich der mitteltönigen, der reinen und der pythagoräischen Stimmung gegenüberstellen, dann erhalten wir folgende Werte:

Intervall	Gleich.	Mittelt.	Pythag.	Rein
Grundton	1.0000	1.0000	1.0000	1.0000
Sekund	1.1225	1.1180	1.1250	1.1250
Terz	1.2599	1.2500	1.2656	1.2500
Quart	1.3348	1.3375	1.3333	1.3333
Quint	1.4983	1.4953	1.5000	1.5000
Sext	1.6818	1.6719	1.6875	1.6667
Sept	1.8877	1.8692	1.8984	1.8750
Oktave	2.0000	2.0000	2.0000	2.0000

Wenn wir ausgehend von dieser Tabelle die Frequenzen der einzelnen Töne (in C-Dur) berechnen, dann erhalten wir folgende Werte :

Intervall	Gleich.	Mittelt.	Pythag.	Rein
Grundton	264.00	264.00	264.00	264
Sekund	296.33	295.16	297.00	297
Terz	332.62	330.00	334.13	330
Quart	352.40	353.09	352.00	352
Quint	395.55	395.77	396.00	396
Sext	443.99	441.37	445.50	440
Sept	498.37	493.47	501.19	495
Oktave	528.00	528.00	528.00	528

In der elektronischen Fassung des Dokuments finden Sie an dieser Stelle einige Tonbeispiele, die Sie auch anhören können.

Es gibt deutlich hörbare Unterschiede zwischen diesen vier Stimmungen.

Im Abschnitt Intervalle und Dreiklänge in gleichschwebender Stimmung können Sie Genaueres über weitere Eigenschaften der gleichschwebenden Stimmung erfahren.

Der Abschnitt Zusammenfassung stellt alles Wichtige über die vier in diesem Dokument behandelten musikalischen Stimmungen in komprimierter Form zusammen.

Intervalle und Dreiklänge in gleichschwebender Stimmung

Wie bei den anderen Stimmungen (rein, pythagoräisch und mitteltönig) wollen wir auch für die gleichschwebende Stimmung die inneren Intervallverhältnisse der Dreiklänge auf den einzelnen Stufen der Dur-Tonleiter untersuchen.

Hören wird uns daher zunächst den Dur-Dreiklang auf dem Grundton einer gleichschwebend gestimmten Dur-Tonleiter an.

In der elektronischen Fassung des Dokuments finden Sie an dieser Stelle einige Tonbeispiele, die Sie auch anhören können.

Dieser Dreiklang klingt ziemlich rein, fast genau so wie der Dur-Dreiklang auf dem Grundton einer Dur-Tonleiter in reiner oder mitteltöniger Stimmung und auf jeden Fall reiner als der Dreiklang auf dem Grundton in pythagoräischer Stimmung.

Ähnlich wie bei der reinen, der pythagoräischen und der mitteltönigen Dur-Tonleiter können wir auch aus den Tönen der gleichschwebenden Dur-Tonleiter noch weitere Dreiklänge bilden, in dem wir für jeden Ton der Tonleiter jenen Akkord bilden, der aus diesem Ton, dem Ton „zwei Töne höher“ und dem Ton „vier Töne höher“ besteht. „Ein Ton höher“ bedeutet dabei einen Schritt in der Tonleiter hinauf bis zur nächsten weißen Taste.

In der elektronischen Fassung des Dokuments finden Sie an dieser Stelle einige Tonbeispiele, die Sie auch anhören können.

Beginnen wir jetzt mit einer genaueren Analyse all dieser Dreiklänge. Dazu betrachten wir folgende Tabelle der inneren Intervallverhältnisse.

Frequenzverhältnisse, gleichschwebende Stimmung

Intervall	Frequenz-verhältnis zum Grundton	Frequenz-verhältnis zur inneren Sekund	Frequenz-verhältnis zur inneren Terz	Frequenz-verhältnis zur inneren Quint
Grundton	1.0000	1.1225	1.2599	1.4983
Sekund	1.1225	1.1225	1.1892	1.4983
Terz	1.2599	1.0595	1.1892	1.4983
Quart	1.3348	1.1225	1.2599	1.4983
Quint	1.4983	1.1225	1.2599	1.4983
Sext	1.6818	1.1225	1.1892	1.4983
Sept	1.8877	1.0595	1.1892	1.4142
Oktave	2.0000	1.1225	1.2599	1.4983

Diese Tabelle zeigt, daß die Dreiklänge auf dem Grundton, auf der Quart und auf der Quint dieselben inneren Frequenzverhältnisse haben. Daher klingen alle diese Dreiklänge gleichartig und es gibt insbesondere nicht das Problem, daß manche Dreiklänge besonders harmonisch, andere dafür besonders unharmonisch klingen. Ebenso sind die inneren Frequenzverhältnisse für die Dreiklänge auf der Sekund, der Terz und der Sext alle gleich. Daher klingen auch diese drei Dreiklänge (es handelt sich um Moll-Dreiklänge) ganz gleichartig. In der gleichschwebenden Stimmung klingen also Dreiklänge, die theoretisch gleichartig klingen sollten, tatsächlich gleich. Das ist in keiner der anderen behandelten Stimmungen (rein, pythagoräisch und mitteltönig) der Fall.

Außerdem zeigt diese Tabelle auch, daß in der gleichschwebenden Stimmung alle auftretenden Ganztöne gleich groß sind; sie haben das Frequenzverhältnis 1.1225. Die auftretenden Halbtöne haben das Frequenzverhältnis 1.0595. Da 1.0595^2 = 1.1225 gilt, ist außerdem in der gleichschwebenden Stimmung jeder Ganzton genau so groß wie 2 Halbtöne.

Der Name „gleichschwebend" kommt übrigens daher, daß bei allen gleichartigen „inneren" Intervallen auf verschiedenen Stufen der Tonleiter die Zahl der Schwebungen nur von der Frequenz des Basistons dieses Intervalls abhängt, abgesehen davon aber gleich ist. In den anderen Stimmungen sind die Schwebungen für gleichartige innere Intervalle oft sehr verschieden.

Der folgende Absatz sprengt den Rahmen der in diesem Dokument behandelten Theorie und stellt einen Ausblick auf mögliche Erweiterungen dar. Daher werden die darin vorkommenden Begriffe nicht so ausführlich wie die anderen bisher behandelten Begriffe erklärt.

Im Rahmen dieses Dokuments haben wir uns nicht mit chromatischen Stimmungen und Tonleitern beschäftigt. Bei den chromatischen Tonleitern fügt man zwischen die Ganztöne der Dur-Tonleiter noch weitere Halbtöne ein. Damit wird es dann möglich, zu transponieren, also beispielsweise ein Musikstück statt in E-Dur in D-Dur zu spielen. Wie wir gesehen haben, kann es dabei aber vorkommen, daß der „Klangcharakter" von Dreiklängen sehr merkbar geändert wird. Nur die gleichschwebende Stimmung macht es aufgrund ihrer Konstruktion möglich, daß beim Transponieren der Charakter aller Dreiklänge unverändert erhalten bleibt und nur die Tonhöhe des Musikstücks verändert wird.

Einer der bekanntesten Musikstücke, das sich mit der Problematik der Stimmungen beschäftigt, ist das Wohltemperierte Klavier von Johann Sebastian Bach. Das vorliegende Dokument spielt Ihnen beim Start das erste Stück aus diesem Kompositionszyklus vor. Eine Stimmung wird als wohltemperiert bezeichnet, wenn sie homogen genug ist, daß man auf einem im C-Dur gestimmten Instrument beispielsweise auch eine passabel klingende Des-Dur (und insbesondere den Dreiklang auf dem Grundton dieser Tonleiter) spielen kann. Das ist beispielsweise bei der gleichschwebenden Stimmung der Fall. Wohltemperiert bezeichnet aber nicht nur die gleichschwebende Stimmung sondern jede Stimmung, in der „fremde" Tonarten musikalisch vernünftig gespielt werden können. Es ist bis heute nicht ganz geklärt, an welche Stimmung Bach beim Komponieren des Wohltemperierten Klaviers dachte.

Im Abschnitt Zusammenfassung erfahren Sie noch einmal alles Wichtige über die vier in diesem Dokument behandelten musikalischen Stimmungen.

Zusammenfassung

In diesem Dokument beschäftigen wir uns mit folgenden 4 wichtigen Stimmungssystemen:

Reine Stimmung
Pythagoräische Stimmung
Mitteltönige Stimmung
Gleichschwebende Stimmung

Die reine Stimmung ist der Ausgangspunkt aller üblichen musikalischen Stimmungen.Die Dur-Tonleiter in der reinen Stimmung wird mit der reinen Terz (Frequenzverhältnis 5/4) und der reinen Quint (Frequenzverhältnis 3/2) aufgebaut. Diese beiden reinen Intervalle (Quint und Terz) werden aus der Obertonreihe eines Tones abgeleitet.

Die reine Tonleiter hat mehrere Probleme:
Zwei Halbtöne zusammen ergeben keinen Ganzton.
Zwei Sekunden hintereinander ergeben nicht genau eine Terz.
Vier Quinten hintereinander hinauf und dann 2 Oktaven herunter ergeben nicht genau eine Terz.
12 Quinten hintereinander hinauf und dann 7 Oktaven herunter ergeben nicht genau wieder den Ausgangston.

Die pythagoräische Stimmung hat eine höhere Terz als die reine Stimmung und dieselbe Quint wie die reine Stimmung. Die pythagoräische Terz entsteht durch „Zusammensetzen" zweier reiner Sekunden hintereinander. Als Folge davon ergeben in der pythagoräischen Stimmung zwei Sekunden zusammen eine Terz. Die anderen Probleme, die wir schon von der reinen Stimmung kennen (2 Halbtöne nicht gleich Ganzton, 4 Quinten nicht gleich Terz + 2 Oktaven, 12 Quinten nicht gleich 7 Oktaven), werden jedoch nicht bereinigt.

Die mitteltönige Stimmung verwendet eine Quint, die geringfügig kleiner ist als die reine Quint, und dieselbe Terz wie die reine Stimmung. Die mitteltönige Quint ist gerade so groß, daß 4 solcher Quinten ein Intervall vom Umfang „zwei Oktaven und eine reine Terz" ergeben. Außerdem ergeben zwei Sekunden zusammen auch in der mitteltönigen Stimmung eine Terz. Die weiteren Probleme, die wir schon von der reinen und der pythagoräischen Stimmung kennen (2 Halbtöne nicht gleich Ganzton, 4 Quinten nicht gleich Terz + 2 Oktaven), werden jedoch nicht bereinigt.

Die gleichschwebende Stimmung verwendet ebenfalls eine Quint, die kleiner ist als die reine Quint. Diese Quint ist aber geringfügig größer als die mitteltönige Quint. Die gleichschwebende Quint ist gerade so groß, daß 12 solcher Quinten ein Intervall vom Umfang 7 Oktaven ergeben und sich daher der Quintenzirkel schließt. Zwei Sekunden zusammen ergeben auch in der gleichschwebenden Stimmung eine Terz. Die gleichschwebende Terz ist größer als die reine (und mitteltönige) Terz, aber kleiner als die pythagoräische Terz. Zwei Halbtöne zusammen ergeben in der gleichschwebenden Stimmung einen Ganzton. Auch das letzte Problem, das wir schon von der reinen und der pythagoräischen Stimmung kennen (4 Quinten nicht gleich Terz + 2 Oktaven), wird in der gleichschwebenden Stimmung bereinigt. Dafür zahlen wir aber den Preis, daß in der gleichschwebenden Stimmung kein einziges Intervall mehr aus der Obertonreihe abgeleitet ist und daher kann auch kein Intervall mehr als einfacher Bruch ausgedrückt werden.

Anhänge

Bildliche Erläuterungen

Verhältnistabelle reine Stimmung

In der folgenden Graphik sehen sie für jeden Ton der Dur-Tonleiter seine Frequenz als Vielfaches der Frequenz des Grundtons dieser Tonleiter.

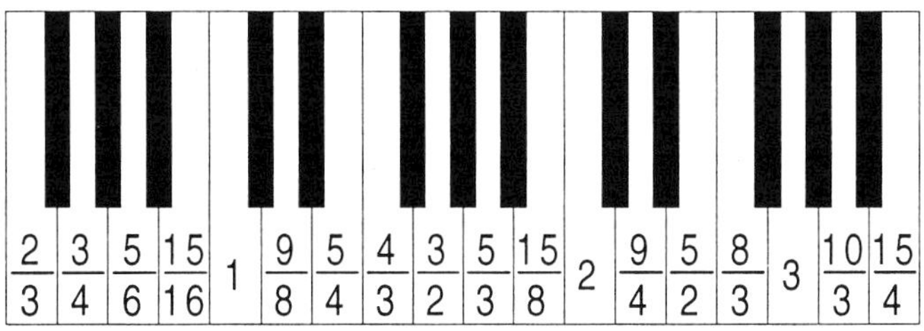

Tabellen der Frequenzen und Intervalle

Töne in den einzelnen Stimmungen

Stufe	Rein	Pythag.	Mittelt.	Gleich.
Grundton	264	264.00	264.00	264.00
Sekund	297	297.00	295.16	296.33
Terz	330	334.13	330.00	332.62
Quart	352	352.00	353.09	352.40
Quint	396	396.00	395.77	395.55
Sext	440	445.50	441.37	443.99
Sept	495	501.19	493.47	498.37
Oktave	528	528.00	528.00	528.00

Intervalle in den einzelnen Stimmungen

Intervall	Rein	Pythag.	Mittelt.	Gleich.
Grundton	1.0000	1.0000	1.0000	1.0000
Sekund	1.1250	1.1250	1.1180	1.1225
Terz	1.2500	1.2656	1.2500	1.2599
Quart	1.3333	1.3333	1.3375	1.3348
Quint	1.5000	1.5000	1.4953	1.4983
Sext	1.6667	1.6875	1.6719	1.6818
Sept	1.8750	1.8984	1.8692	1.8877
Oktave	2.0000	2.0000	2.0000	2.0000

Frequenzverhältnisse, reine Stimmung (als Bruch)

Intervall	Frequenzverhältnis zum Grundton	Frequenzverhältnis zur inneren Sekund	Frequenzverhältnis zur inneren Terz	Frequenzverhältnis zur inneren Quint
Grundton	1	9/8	5/4	3/2
Sekund	9/8	10/9	32/27	40/27
Terz	5/4	16/15	6/5	3/2
Quart	4/3	9/8	5/4	3/2
Quint	3/2	10/9	5/4	3/2
Sext	5/3	9/8	6/5	3/2
Sept	15/8	16/15	6/5	64/45
Oktave	2	9/8	5/4	3/2

Frequenzverhältnisse, pythagoräische Stimmung (als Bruch)

Intervall	Frequenz-verhältnis zum Grundton	Frequenz-verhältnis zur inneren Sekund	Frequenz-verhältnis zur inneren Terz	Frequenz-verhältnis zur inneren Quint
Grundton	1	9/8	81/64	3/2
Sekund	9/8	9/8	32/27	3/2
Terz	81/64	256/243	32/27	3/2
Quart	4/3	9/8	81/64	3/2
Quint	3/2	9/8	81/64	3/2
Sext	27/16	9/8	32/27	3/2
Sept	243/128	256/243	32/27	1024/729
Oktave	2	9/8	81/64	3/2

Frequenzverhältnisse, reine Stimmung

Intervall	Frequenzverhältnis zum Grundton	Frequenzverhältnis zur inneren Sekund	Frequenzverhältnis zur inneren Terz	Frequenzverhältnis zur inneren Quint
Grundton	1.0000	1.1250	1.2500	1.5000
Sekund	1.1250	1.1250	1.1852	1.4815
Terz	1.2500	1.0667	1.2000	1.5000
Quart	1.3333	1.1250	1.2500	1.5000
Quint	1.5000	1.1111	1.2500	1.5000
Sext	1.6667	1.1250	1.2000	1.5000
Sept	1.8750	1.0667	1.2000	1.4222
Oktave	2.0000	1.1250	1.2500	1.5000

Frequenzverhältnisse, pythagoräische Stimmung

Intervall	Frequenzverhältnis zum Grundton	Frequenzverhältnis zur inneren Sekund	Frequenzverhältnis zur inneren Terz	Frequenzverhältnis zur inneren Quint
Grundton	1.0000	1.1250	1.2656	1.5000
Sekund	1.1250	1.1250	1.1852	1.5000
Terz	1.2656	1.0535	1.1852	1.5000
Quart	1.3333	1.1250	1.2656	1.5000
Quint	1.5000	1.1250	1.2656	1.5000
Sext	1.6875	1.1250	1.1852	1.5000
Sept	1.8984	1.0535	1.1852	1.4047
Oktave	2.0000	1.1250	1.2656	1.5000

Frequenzverhältnisse, mitteltönige Stimmung

Intervall	Frequenzverhältnis zum Grundton	Frequenzverhältnis zur inneren Sekund	Frequenzverhältnis zur inneren Terz	Frequenzverhältnis zur inneren Quint
Grundton	1.0000	1.1180	1.2500	1.4953
Sekund	1.1180	1.1180	1.1963	1.4953
Terz	1.2500	1.0700	1.1963	1.4953
Quart	1.3375	1.1180	1.2500	1.4953
Quint	1.4952	1.1180	1.2500	1.4953
Sext	1.6719	1.1180	1.1963	1.4953
Sept	1.8692	1.0700	1.1963	1.4311
Oktave	2.0000	1.1180	1.2500	1.4953

Frequenzverhältnisse, gleichschwebende Stimmung

Intervall	Frequenzverhältnis zum Grundton	Frequenzverhältnis zur inneren Sekund	Frequenzverhältnis zur inneren Terz	Frequenzverhältnis zur inneren Quint
Grundton	1.0000	1.1225	1.2599	1.4983
Sekund	1.1225	1.1225	1.1892	1.4983
Terz	1.2599	1.0595	1.1892	1.4983
Quart	1.3348	1.1225	1.2599	1.4983
Quint	1.4983	1.1225	1.2599	1.4983
Sext	1.6818	1.1225	1.1892	1.4983
Sept	1.8877	1.0595	1.1892	1.4142
Oktave	2.0000	1.1225	1.2599	1.4983

Bedienungshinweise

Was können Sie mit der Maus alles machen?

Sie finden in diesem elektronischen Dokument farblich hervorgehobene Textstellen. Wenn Sie solche Textstellen mit der Maus anklicken, dann geschieht meistens etwas. Bei manchen solcher Stellen, wie bei der ein paar Worte früher, erscheint in einem Zusatzfenster ein erklärender Text. Manchmal werden Sie mit so einem Mausklick auch in einen anderen Abschnitt dieses Dokuments geführt.

Manchmal erscheinen im elektronischen Dokument auch farblich hervorgehobene Zahlen, zum Beispiel 264 Hz. Wenn Sie eine so markierte Zahl anklicken, dann hören Sie den Ton mit der entsprechenden Frequenz.

An manchen Stellen des Dokuments finden Sie auch Graphiken, die ungefähr so aussehen, und bei denen sich rechts daneben ein Lautsprechersymbol befindet:

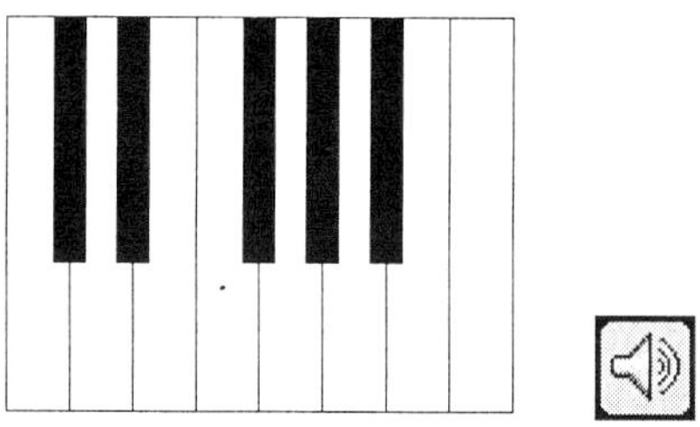

Auf einer derartigen Graphik können Sie „Klavier spielen“. Sie können die einzelnen Tasten anklicken, dann hören Sie die entsprechenden Töne.

Manchmal sind auf manchen der Tasten Punkte, etwa so:

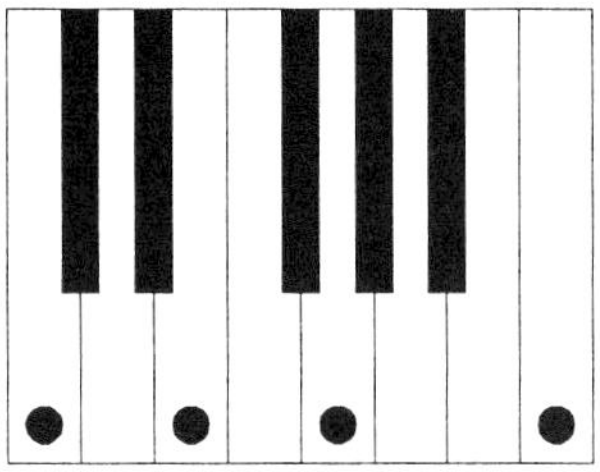 

Dann funktionieren meist nicht alle Tasten, sondern nur die, die mit einem Punkt gekennzeichnet sind. In manchen Fällen funktionieren auch nur Tasten, die mit Punkten einer bestimmten Farbe gekennzeichnet sind, und die Punkte in anderen Farben sind „stumm“.

Es gibt noch einige andere Symbole in diesem Dokument.

Die meisten spielen Intervalle oder Tonleitern, wenn Sie sie anklicken. Hier einige Beispiele:

 Spielt einzelne Töne oder Intervalle

 Spielt mehrere Töne gleichzeitig (Akkorde)

 Spielt eine Tonleiter

 Spielt zwei Tonleitern (in verschiedener Stimmung) ineinander verschränkt

 Spielt zwei Tonleitern (in verschiedener Stimmung) gleichzeitig auf beiden Stereokanälen

Navigieren im Dokument

Dieses Dokument bietet alle Navigationshilfen, die Windows-Hilfe-Dateien normalerweise zur Verfügung stellen. Am oberen Rand des Hauptfensters sehen Sie eine „Werkzeugleiste“ mit einigen Knöpfen.

Wenn Sie die englische Version von Windows verwenden, dann sind einige der im folgenden beschriebenen Knöpfe englisch statt deutsch beschriftet.

Mit dem ersten Knopf 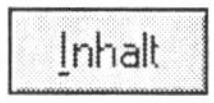

kommen Sie immer in das Inhaltsverzeichnis des Dokuments. Dieses Inhaltsverzeichnis erscheint in einem zweiten Fenster, das erste Fenster mit dem Text, den Sie gerade lesen, bleibt aber erhalten. Auf diese Weise können Sie in einem Fenster die Übersicht über den gesamten Inhalt des Dokuments sehen und in einem weiteren Fenster einzelne Textteile lesen.

Wie bei den meisten Windows-Anwendungen können Sie die Größe aller Fenster ändern. Am einfachsten geht das, wenn Sie mit der Maus die „rechte untere Ecke" des Fensters anklicken, den Mausknopf gedrückt lassen, und dann mit der Maus die Größe des Fensters verändern.

Das zusätzliche Fenster mit dem Inhaltsverzeichnis zeigt zunächst nur die Hauptüberschriften des Dokuments an. Sie können alle weiteren Zwischenüberschriften sehen, wenn Sie mit der Maus den Knopf  in der Werkzeugleiste des Inhaltsfensters anklicken. Sie sehen dann das vollständige Inhaltsverzeichnis des gesamten Dokuments. Wenn Sie den Knopf  anklicken, dann sehen Sie wieder nur die Hauptüberschriften.

Im Inhaltsverzeichnis können Sie neben den einzelnen Kapitelüberschriften drei verschiedene Symbole sehen.

 bedeutet, daß der entsprechende Abschnitt keine Untergliederung sondern nur mehr Text enthält. Wenn Sie dieses Symbol anklicken, dann wird im Hauptfenster der entsprechende Text angezeigt. Sie können im Dokument also einfach von Abschnitt zu Abschnitt springen, indem Sie im Inhaltsfenster die entsprechende Abschnittsüberschrift mit dem Symbol  anklicken.

 bedeutet, daß der entsprechende Abschnitt noch weitere Unterabschnitte enthält, die derzeit im Inhaltsfenster nicht dargestellt werden. Wenn Sie auf dieses Symbol klicken, dann „öffnen" Sie den entsprechenden Abschnitt, und die Überschriften der Unterabschnitte werden angezeigt. Außerdem ändert sich das Symbol,  wird zu .

 bedeutet, daß der entsprechende Abschnitt noch weitere Unterabschnitte enthält. So ein Abschnitt enthält keinen Text, erst die Unterabschnitte enthalten den Text. Die Zeilen nach der Abschnittsüberschrift enthalten die Unterabschnitte.

In der Werkzeugleiste des Inhaltsfensters finden Sie noch weitere Knöpfe:

 bringt Sie von einem Unterabschnitt in den direkt übergeordneten Oberabschnitt, also etwa von einem Unterkapitel zur Überschrift des entsprechenden Hauptkapitels.

bringt Sie aus einem Abschnitt in den unmittelbar folgenden Abschnitt. Sie können so „von Abschnitt zu Abschnitt weiterlesen".

bringt Sie aus einem Abschnitt in den unmittelbar vorangehenden Abschnitt.

In der Werkzeugleiste des Hauptfensters gibt es ebenfalls einige Knöpfe, die beim Anklicken bestimmte Funktionen erfüllen.

aktiviert das Inhaltsfenster mit dem Inhaltsverzeichnis, das Sie immer gleichzeitig mit dem Dokumententext sehen können.

öffnet ein weiteres Fenster, in dem Sie nach bestimmten Begriffen suchen können.

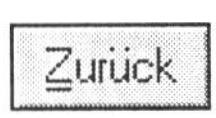

bringt Sie zurück in jenen Abschnitt, den Sie vor dem aktuellen Abschnitt gelesen haben. Mehrfaches Drücken dieses Knopfs bringt Sie weiter zurück in früher gelesene Abschnitte. Diese Reihenfolge muß *nicht* mit der Reihenfolge der Abschnitte im Inhaltsverzeichnis übereinstimmen.

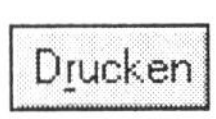

druckt den Textabschnitt, den Sie gerade im aktiven Fenster lesen.

bringt Sie in den Abschnitt unmittelbar vor dem Abschnitt, den Sie gerade lesen. Dieser Knopf hält sich an die Reihenfolge im Inhaltsverzeichnis und nicht an die Reihenfolge, in der Sie die einzelnen Abschnitte lesen.

>> bringt Sie in den nächsten Abschnitt in der Reihenfolge des Inhaltsverzeichnisses.

Glossar bringt Sie in ein Verzeichnis mit wichtigen in diesem Dokument verwendeten Begriffen und deren Erklärungen.

Hinweise bringt Sie zu den Bedienungshinweisen, die Sie gerade lesen.

Manchmal ist die Schrift auf einem Knopf grau statt schwarz, sie sehen also vielleicht Zurück statt Zurück. Das ist immer dann der Fall, wenn dieser Knopf momentan keine sinnvolle Funktion erfüllen kann. Wenn Sie beispielsweise gerade beginnen, ein Dokument zu lesen, dann können Sie natürlich noch nicht in einen vorher gelesenen Abschnitt zurückspringen, und deswegen kann dieser Knopf noch keine Funktion erfüllen.

Wenn Sie im Laufe des Studiums des Dokuments eines der geöffneten Fenster wieder schließen wollen, dann können Sie das am einfachsten, indem Sie das „Kreuzchen“ in der rechten oberen Ecke des entsprechenden Fensters, das ungefähr so aussieht ☒, anklicken.

Stichwortverzeichnis

Akkord

Ein Akkord entsteht, wenn mehrere Töne gleichzeitig gespielt werden.

Dur-Dreiklang

Akkord aus drei Tönen. Zwischen dem ersten und dem zweiten Ton liegt eine große Terz, zwischen dem zweiten und dem dritten Ton liegt eine kleine Terz. Daher liegt zwischen dem ersten und dem dritten Ton eine reine Quint.

Dur-Tonleiter

Folge von 8 Tönen. Das Intervall zwischen zwei aufeinanderfolgender Töne beträgt jeweils einen Ganzton oder einen Halbton. Wenn wir Ganztöne mit G und Halbtöne mit H bezeichnen, dann enthält die Dur-Tonleiter diese Intervalle in folgender Reihenfolge:
GGHGGGH

Ganzton

Eines der Basisintervalle beim Aufbau von Tonleitern. Dasselbe Intervall wie eine große Sekund. Auf der Klaviatur erkennt man einen Ganzton daran, daß zwischen den beiden (weißen) Tasten, die die Töne des Ganztons erzeugen, eine weitere (schwarze) Taste liegt, die nicht verwendet wird.
Auf der folgenden Tastatur sind zwei Ganztöne markiert:

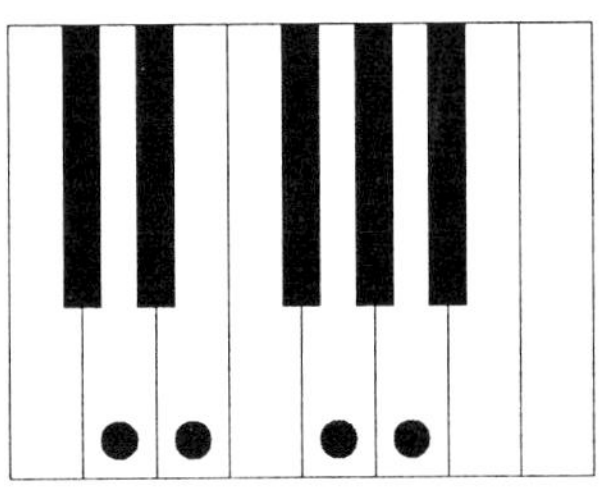

Halbton

Eines der Basisintervalle beim Aufbau von Tonleitern. Dasselbe Intervall wie eine kleine Sekund. Auf der Klaviatur erkennt man einen Halbton daran, daß zwischen den beiden (weißen) Tasten, die die Töne des Halbtons erzeugen, keine weitere (auch keine schwarze) Taste liegt.
Auf der folgenden Tastatur sind zwei Halbtöne markiert:

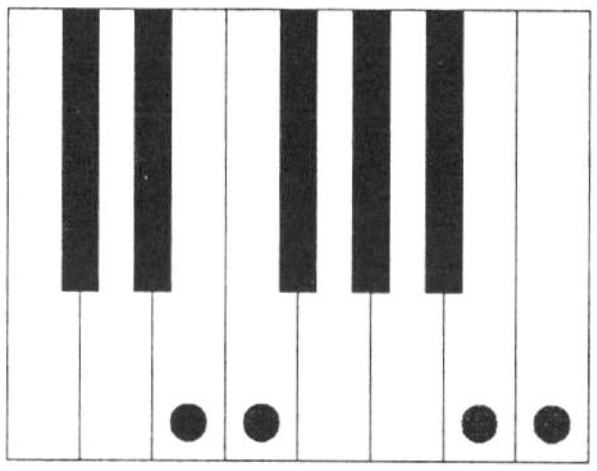

Hertz

Anzahl der Schwingungen pro Sekunde. Abkürzung Hz.
1 Hz ist eine Schwingung pro Sekunde.

Hz

Abkürzung für Hertz, die Anzahl der Schwingungen pro Sekunde.

Inneres Intervall

Normalerweise beziehen sich Intervallnamen wie Sekund, Terz… in diesem Dokument auf Stufen der Tonleiter bzw. auf Intervalle mit dem Grundton einer Tonleiter als Ausgangston. Wir untersuchen aber auch Intervalle innerhalb eines Akkords, dessen Grundton nicht der Grundton der darunterliegenden Tonleiter ist. So ein Intervall nennen wir inneres Intervall.
Beispiel:
Im Dreiklang auf der Quart

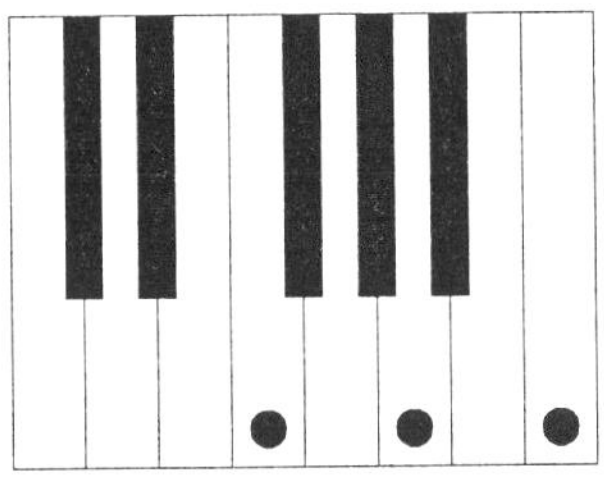

ist das Intervall vom ersten zum zweiten Ton des Dreiklangs (also das Intervall zwischen der Quart und der Sext über dem Grundton) eine Terz. Diese Terz nennen wir innere Terz um auszudrücken, daß es sich nicht um die Terz über dem Grundton der Tonleiter handelt.

Moll-Dreiklang

Akkord aus drei Tönen. Zwischen dem ersten und dem zweiten Ton liegt eine kleine Terz, zwischen dem zweiten und dem dritten Ton liegt eine große Terz. Daher liegt zwischen dem ersten und dem dritten Ton eine reine Quint.

Moll-Tonleiter

Folge von 8 Tönen. Das Intervall zwischen zwei aufeinanderfolgender Töne beträgt jeweils einen Ganzton oder einen Halbton. Wenn wir Ganztöne mit G und Halbtöne mit H bezeichnen, dann enthält die Moll-Tonleiter diese Intervalle in folgender Reihenfolge:
GHGGHGG

Oberton

Ein Ton, dessen Frequenz ein ganzzahliges Vielfaches der Frequenz des Grundtons ist.
Der erste Oberton hat die doppelte Frequenz des Grundtons, der zweite Oberton die dreifache Frequenz usw.
Ein Ton mit einer Frequenz von 660 Hz ist also beispielsweise der zweite Oberton eines Tons von 220 Hz, aber auch der fünfte Oberton eines Grundtons von 110 Hz.

Pythagoräisches Komma

Frequenzverhältnis von 3^12/2^19 = 531441/524288 = 1.0136. Wenn man von einem Grundton aus zunächst 12 reine Quinten aufwärts und dann 7 Oktaven abwärts geht, dann ist der Ton, den man so erhält, geringfügig höher als der Ausgangston. Der Unterschied beträgt genau das pythagoräische Komma.

Nicht zu verwechseln mit dem syntonischen Komma.

Schwebungen

Spielt man zwei Töne, deren Frequenzen nahe beieinander liegen, gleichzeitig, so hört man periodische Lautstärkenschwankungen. Die Frequenz dieser Lautstärkenschwankungen entspricht der Differenz der Frequenzen der beiden Töne. Spielt man also einen Ton von 330 Hz und einen Ton von 334 Hz gleichzeitig, dann sollte man eine Schwebung von 4 Hz hören, die Lautstärke sollte also 4 mal pro Sekunde zu und abnehmen.

Je näher die Frequenzen beisammen liegen, desto langsamer ist die auftretende Schwebung.

Syntonisches Komma

Frequenzverhältnis von 81/80 = 1.0125.
Es tritt unter anderem auf als Unterschied zwischen folgenden zwei Tönen:
Reine Terz über einem Grundton
Zwei Sekunden hintereinander, ausgehend vom selben Grundton

Nicht zu verwechseln mit dem pythagoräischen Komma.

Ausgewählte weiterführende Literatur

Easly Blackwood
The Structure of Recognizable Diatonic Tunings
Princeton University Press

Mark Lindley, Ronald Turner-Smith
Mathematical Models of Musical Scales
Verlag für systematische Musikwissenschaft

Springer-Verlag und Umwelt

Als internationaler wissenschaftlicher Verlag sind wir uns unserer besonderen Verpflichtung der Umwelt gegenüber bewußt und beziehen umweltorientierte Grundsätze in Unternehmensentscheidungen mit ein.

Von unseren Geschäftspartnern (Druckereien, Papierfabriken, Verpackungsherstellern usw.) verlangen wir, daß sie sowohl beim Herstellungsprozeß selbst als auch beim Einsatz der zur Verwendung kommenden Materialien ökologische Gesichtspunkte berücksichtigen.

Das für dieses Buch verwendete Papier ist aus chlorfrei hergestelltem Zellstoff gefertigt und im pH-Wert neutral.

Benützer-Information

Folgende Installationsmöglichkeiten stehen zur Verfügung:

Normalerweise verwenden Sie \START.EXE, um das Programm zu installieren.

Windows 3.x

Um die Dateien auf Ihre Festplatte zu kopieren und in Ihrer am Rechner eingestellten Sprache zu installieren, rufen Sie bitte die Datei „START.EXE“ von der CD-ROM auf.

Wenn Sie die Dateien nicht auf Ihre Festplatte kopieren wollen, können Sie – *ohne* vorher „START.EXE“ zu starten – im Verzeichnis „DISK“ die Dateien „STIMM31.HLP“ für die deutsche Version und „TUNING31.HLP“ für die englische Version aufrufen.

Sie können die Dateien auch in einer anderen als der aktuell unter Windows eingestellten Sprache installieren, indem Sie die Datei „SETUP.EXE“ im Unterverzeichnis „W31GER“ für die deutsche Version und im Verzeichnis „W31ENG“ für die englische Version aufrufen.

Windows 95 / Windows NT4.0

Diese CD-ROM verfügt über *keine AUTOSTART-Funktion*. Um das Programm zu installieren, wie es der augenblicklichen Windows-Konfiguration entspricht, starten Sie das Programm \START.EXE. Sie können dann im Menüpunkt zwischen einer vollen Installation auf der Festplatte („typisch“) und einer Installation, die nur wenige Daten auf die Festplatte kopiert („minimal“), dann bei der Programmbenutzung aber ständig die CD-ROM benötigt, auswählen.

Der Menüpunkt „benutzerdefiniert“ macht es möglich, das Programm auch in einer anderen als der in Windows eingestellten Sprache zu installieren.

Genauere Informationen über die Installation finden Sie in der Datei \Support\Info.txt auf der CD-ROM.